普通高等教育“十一五”国家级规划教材配套习题集

普通高等教育“十四五”规划教材

动物生物化学习题集

Animal Biochemistry Questions and Answers

第2版

杨群辉　胡　兰　主编
刘维全　主审

中国农业大学出版社
China Agricultural University Press
·北京·

内容简介

本书为普通高等教育“十一五”国家级规划教材《动物生物化学》配套习题集，主要为高等农业院校动物医学、动物科学、动物药学、水产养殖等专业学生编写。它共分为十六章，涉及五大部分内容：①生物分子的结构与功能，包括核酸、蛋白质、酶和生物膜；②物质代谢，包括糖类代谢、生物氧化、脂类代谢、氨基酸代谢、核苷酸代谢、物质代谢各途径的相互联系和整体调控；③遗传信息的传递和调控，包括复制、转录、翻译、基因表达调控；④动物体代谢的特点，包括动物体酸碱平衡与钙磷代谢、血液生化、肝脏生化、大脑生化；⑤现代生物技术及其在畜牧兽医中的应用。《动物生物化学习题集》既包括了动物生化的特色内容，又涵盖了动物生物化学知识要点。本书共设八个题型：名词解释、填空题、单项选择题、判断并改错、完成反应方程式、简答题、计算与论述题、综合题；每一章末均附有参考答案。本书可供农林院校动物医学、动物科学、动物药学、水产养殖、生物技术、食品等学科的本专科生、研究生、青年教师、生化检验人员自学或复习之用，也可供综合性大学、理工院校、医学院校有关专业的师生参考。由于本书结合考研大纲编写，本书是相关专业学生考研的重点参考书。

图书在版编目(CIP)数据

动物生物化学习题集/杨群辉，胡兰主编. --2 版. --北京：中国农业大学出版社，2023.11
ISBN 978-7-5655-3099-9

Ⅰ.①动… Ⅱ.①杨…②胡… Ⅲ.①动物学—生物化学—习题集 Ⅳ.①Q5-44

中国国家版本馆 CIP 数据核字(2023)第 210393 号

书　　名　动物生物化学习题集　第 2 版
Dongwu Shengwu Huaxue Xitiji

作　　者　杨群辉　胡　兰　主编　　刘维全　主审

策划编辑　张　程　　**责任编辑**　石　华
封面设计　李尘工作室
出版发行　中国农业大学出版社
社　　址　北京市海淀区圆明园西路 2 号　　**邮政编码**　100193
电　　话　发行部 010-62733489，1190　　**读者服务部** 010-62732336
编辑部 010-62732617，2618　　**出　版　部** 010-62733440
网　　址　http://www.caupress.cn　　**E-mail** cbsszs@cau.edu.cn
经　　销　新华书店
印　　刷　河北朗祥印刷有限公司
版　　次　2023 年 11 月第 2 版　　2023 年 11 月第 1 次印刷
规　　格　185 mm×260 mm　　16 开本　　9.5 印张　　237 千字
定　　价　29.00 元

第2版编审人员

主　编　杨群辉（沈阳农业大学）

　　　　胡　兰（沈阳农业大学）

副主编　（按姓氏笔画排列）

　　　　陈书明（山西农业大学）

　　　　袁学军（山东农业大学）

　　　　黄小红（福建农林大学）

参　编　（按姓氏笔画排列）

　　　　习欠云（华南农业大学）

　　　　王　佳（新疆农业大学）

　　　　文凤云（河南科技大学）

　　　　邓　辉（福建农林大学）

　　　　汉丽梅（沈阳农业大学）

　　　　孙青竹（西北农林科技大学）

　　　　李　妍（河北农业大学）

　　　　沈冰蕾（黑龙江八一农垦大学）

　　　　赵　赣（华南农业大学）

　　　　柳亦松（湖南农业大学）

　　　　崔　琰（锦州医科大学）

　　　　梁巍巍（沈阳农业大学）

主　审　刘维全（中国农业大学）

第1版编写人员

主　编　胡　兰（沈阳农业大学）

副主编　（按姓氏笔画排列）

刘　丽（华南农业大学）

刘湘新（湖南农业大学）

陈书明（山西农业大学）

黄小红（福建农林大学）

编　者　（按姓氏笔画排列）

艾晓杰（上海交通大学）

石庆华（新疆农业大学）

汉丽梅（沈阳农业大学）

刘　伟（辽宁医学院）

刘　丽（华南农业大学）

刘桂林（山西农业大学）

刘湘新（湖南农业大学）

孙　超（西北农林科技大学）

苏建明（湖南农业大学）

李俊杰（河北农业大学）

沈冰蕾（黑龙江八一农垦大学）

陈书明（山西农业大学）

林荣峰（沈阳农业大学）

赵　赣（华南农业大学）

胡　兰（沈阳农业大学）

袁学军（山东农业大学）

徐慰倬（沈阳药科大学）

黄小红（福建农林大学）

董淑丽（河南科技大学）

第2版前言

《动物生物化学习题集》第1版是在沈阳农业大学胡兰教授的主持下由来自全国14所高等院校的一线教师共同编写而成的。自本书出版以来，由于难易适中、适用性强，它受到了学生和其他广大读者的认可。在使用过程中，我们也发现了本书中存在一些不足之处，在过去的15年中，生物化学有了很多新的发展。按照党的二十大报告实施科教兴国战略，强化现代化建设人才支撑精神，加强基础学科等的建设，加快建设中国特色、世界一流的大学和优势学科，为了与理论教材相配套以及更好地满足教学需求，我们对本书进行修订，编写了第2版。

在此次修订过程中，我们做了一些重要的改变：①注重新内容的补充。根据第2版《动物生物化学》的修订情况及当前各大高校的考研题，本书增加和替换了一些习题。②注重习题与理论教材的对应性。根据理论教材中的知识点出现的先后顺序调整了各章习题的顺序，从而更有利于学生课后的巩固复习，增加本书的实用性。③多数章节增设了计算与论述题，有些章节还增加了综合题。计算与论述题是生物化学学习中的难点，这些题型更加有助于学生对难点知识的掌握；综合题则有助于学生对知识融会贯通。此外，本书还细化了动物生物化学知识要点，让考研的同学在复习中能更加有的放矢。

本书在修订过程中的分工为：胡兰编写第一章、刁欠云编写第二章、陈书明编写第三章、王佳编写第四章、崔琰编写第五章、李妍编写第六章、杨群辉编写第七章、沈冰蕾编写第八章、黄小红编写第九章、袁学军编写第十章和第十二章、柳亦松编写第十一章、赵赣编写第十三章、文凤云编写第十四章、汉丽梅编写第十五章、孙青竹编写第十六章。由杨群辉负责全书的统稿及相关修订，胡兰对各章节内容进行审核，邓辉和梁巍巍参与本书的后期校对，刘维全对全书进行主审。

由于编者水平有限，书中仍然会有许多不足之处，诚恳希望各位读者提出宝贵意见。

编者

2023年5月

第1版前言

生物化学是生命科学的重要基础学科，其理论和技术已渗透至农林、医学和食品等诸多领域。生物化学课程是为生命科学相关专业学生开设的重要基础课，在学习中占有举足轻重的地位。由于生物化学内容抽象、枯燥，且需要记忆的内容较多，所以学生学习的难度较大。为了便于学生更好地复习、自学及考试，我们组织编写了这本《动物生物化学习题集》。

参加本书编写人员来自全国14所高等院校，且全体编者均为来自教学第一线的具有多年教学经验的骨干教师。我们参考了胡兰主编的普通高等教育“十一五”国家级规划教材《动物生物化学》以及国内外有关的生物化学书籍，尽量做到难易适中、实用性强。

本书的内容选择做到了以强化生物化学基础知识为主，注重理论联系实际，包括了动物生物化学的特色内容，涵盖了考研大纲的全部的知识点。本书共设7种题型：名词解释、填空题、单项选择题、多项选择题、判断并改错题、完成反应方程式、问答题；每一章末均附有习题答案。本书可供农林院校动物医学、动物科学、生物技术、食品等学科的本专科生、研究生、青年教师和生化检验人员自学或复习之用；也可供综合性大学、理工院校、医学院校有关专业的师生参考。由于本书结合考研大纲编写，本书也是相关专业学生考研的重点参考书。

由于时间紧迫，加之编者水平有限，不足之处敬请读者批评指正。

编者

2007年6月

目 录

contents

第一章　绪　论

一、名词解释

1. 生物化学　2. 生物大分子

二、填空题

1. 生物化学的研究内容主要包括______、______、______和______。

2. 水的主要作用有 3 个方面：______、______和______。

3. 物质代谢包括______、______和______3 个阶段。

4. 生物化学发展的 3 个阶段是______、______和______。

5. "Biochemistry"一词首先由德国的______于 1877 年提出。

6. 在前人工作的基础上，英国科学家 Krebs 曾提出两大著名学说：______和______。

三、单项选择题

1. 现代生物化学从 20 世纪 50 年代开始，以下列哪一学说的提出为标志？（　　）

A. DNA 的右手双螺旋结构模型　　B. 三羧酸循环

C. 断裂基因　　D. 基因表达调控

2. 我国生物化学的奠基人是（　　）。

A. 李比希　　B. 吴宪　　C. 谢利　　D. 拉瓦锡

3. 1965 年我国首先合成的具有生物活性的蛋白质是（　　）。

A. 牛胰岛素　　B. RNA 聚合酶　　C. DNA 聚合酶　　D. DNA 连接酶

4. 生物化学的一项重要任务是（　　）。

A. 研究生物进化　　B. 研究激素生成

C. 研究小分子化合物　　D. 研究新陈代谢规律及其与生命活动的关系

5. 1981 年我国完成了哪种核酸的人工合成？（　　）

A. 清蛋白 mRNA　　B. 珠蛋白 RNA

C. 血红蛋白 DNA　　D. 酵母丙氨酸 tRNA

参考答案

一、名词解释

1. 生物化学是生命的化学。它是一门以物理、化学及生物学的理论和方法，在细胞与分子水平上研究生物体的化学组成、结构与性质，生命活动过程中的化学变化规律以及这些化学变化与生理功能之间相互关系的基础学科。

2. 生物大分子是指分子量比较大的有机物，主要包括蛋白质、核酸、多糖和脂肪。

二、填空题

1. 生物体的物质组成　物质代谢、能量代谢及代谢调节　基因信息的传递、表达及调控　组织器官的机能生物化学

2. 参与物质代谢反应　体内诸多物质的良好溶剂　维持体温相对恒定

3. 消化吸收　中间代谢　排泄

4. 静态生物化学阶段　动态生物化学阶段　现代生物化学阶段

5. 霍佩赛勒

6. 鸟氨酸循环　三羧酸循环

三、单项选择题

1. A　2. B　3. A　4. D　5. D

第二章 核酸化学

一、名词解释

1. 核苷　　2. 核苷酸　　3. 核苷多磷酸
4. 非编码 RNA　　5. miRNA　　6. circRNA
7. DNA 的一级结构　　8. DNA 的二级结构　　9. DNA 双螺旋结构的多态性
10. 核酸的变性　　11. 增色效应　　12. T_m 值
13. 核酸复性　　14. 减色效应　　15. 退火
16. 淬火　　17. 分子杂交　　18. 核酸探针

二、填空题

1. 研究核酸的鼻祖是______________，严格地说，他分离得到的只是______________。

2. ______________等通过著名的肺炎双球菌转化实验，证明了导致肺炎球菌遗传性状改变的转化因子是______________，而不是______________。

3. 真核细胞的 DNA 主要存在于______________，并与______________结合形成染色体；原核生物的 DNA 主要存在于______________。

4. 在原核细胞中，染色体是一个形状为______________的双链 DNA；在染色体外存在的、能够自主复制的遗传单位是______________。

5. 细胞质中的 RNA 主要包括 3 种类型，即______________、______________及______________，其中文名称分别是______________、______________及______________。

6. 在生物体内，95%以上的 RNA 属于______________，一般根据其长度分为______________和______________。

7. 小于______________个核苷酸的 ncRNA 称为小非编码 RNA，又可细分为______________、______________、______________、______________、______________、______________和常见的 ncRNA，如______________、______________等。

8. DNA 的中文全称是______________，RNA 的中文全称是______________；DNA 中的戊糖是______________，RNA 中的戊糖是______________。

9. 组成核酸的基本结构单位是______________，其由______________、______________和______________3 种成分组成。

10. 在核苷分子中，嘧啶碱基与戊糖形成______________键；嘌呤碱基与戊糖形成______________键。

11. 构成 RNA 和 DNA 的核苷酸不完全相同，RNA 含有______；在 DNA 中，相应的核苷酸是______。

12. 在 DNA 中，相邻的两个核苷酸通过______键相连，该键是由一个核苷酸分子的______与相邻的核苷酸分子的______相连形成。

13. GATCAA 这段序列的写法属于______缩写，其互补序列为______。

14. 1953 年，______和______提出了 DNA 右手双螺旋结构模型。

15. 稳定 DNA 结构的因素主要有______、______和______，其中______为主要稳定因素。

16. 一般来说，核酸及其降解物核苷酸对紫外光产生光吸收的最大吸光波长为______，蛋白质的紫外吸收峰波长为______。

三、单项选择题

1. 在天然存在的核苷中，糖苷键都呈(　　)构型。

A. α-　　B. β-　　C. γ-　　D. δ-

2. 在假尿苷中，核糖与尿嘧啶的连接方式是(　　)。

A. C1′→N1　　B. C1′→N9　　C. C1′→C2　　D. C1′→C5

3. 某双链 DNA 共 1 000 bp，G+C=58%，则 T 的含量为(　　)。

A. 58%　　B. 42%　　C. 29%　　D. 21%

4. Watson-Crick 提出的 DNA 右手双螺旋结构属于哪一型？(　　)

A. A　　B. B　　C. C　　D. Z

5. 在下列 DNA 模型中，属于左手螺旋的是(　　)。

A. Z-DNA　　B. C-DNA　　C. B-DNA　　D. A-DNA

6. 下列关于 RNA 结构的叙述，错误的是(　　)。

A. RNA 的结构像 DNA 一样简单、有规则

B. 绝大多数 RNA 是单链分子，少数病毒 RNA 是双链分子

C. RNA 的结构像蛋白质那样复杂而独特

D. 各种 RNA 分子均存在局部双链区

7. tRNA3′端的序列为(　　)。

A. -ACC　　B. -CAC　　C. -ACA　　D. -CCA

8. 胸腺嘧啶除了作为 DNA 的主要组分外，还经常出现在(　　)中。

A. mRNA　　B. tRNA　　C. rRNA　　D. hnRNA

9. 在下列核苷中，在真核生物中 tRNA 和 mRNA 中都存在的是(　　)。

A. 胸腺嘧啶核苷　　B. 腺嘌呤核苷

C. 二氢尿嘧啶核苷　　D. 假尿嘧啶核苷

10. 含有稀有碱基比例较多的核酸是(　　)。

A. 胞核 DNA　　B. 线粒体 DNA　　C. tRNA　　D. mRNA

11. 真核细胞 mRNA 帽子结构最多见的是(　　)。

A. $m^7A_{PPP}N_{mP}N_{mP}$　　B. $m^7G_{PPP}N_{mP}N_{mP}$

C. $m^7U_{PPP}N_{mP}N_{mP}$　　D. $m^7C_{PPP}N_{mP}N_{mP}$

12. 真核生物 mRNA 中 5′—末端的 m^7G 与第二核苷酸之间的连接方式是(　　)。

A. 5′→2′　　B. 5′→3′　　C. 3′→5′　　D. 5′→5′

13. 真核生物 DNA 缠绕在组蛋白上构成核小体,核小体含有的蛋白质是(　　)。

A. H1、H2、H3、H4 各两分子　　B. H1A、H1B、H2B、H2A 各两分子

C. H2A、H2B、H3A、H3B 各两分子　　D. H2A、H2B、H3、H4 各两分子

14. 下列关于浮力密度的叙述,(　　)是对的。

A. RNA 的浮力密度大于 DNA 的　　B. 蛋白质的浮力密度大于 DNA 的

C. 蛋白质的浮力密度大于 RNA 的　　D. DNA 的浮力密度大于 RNA 的

15. DNA 变性后的理化性质有下列改变:(　　)。

A. 对 260 nm 紫外光吸收减少　　B. 溶液黏度下降

C. 磷酸二酯键断裂　　D. 形成游离核苷酸

16. 下列几种 DNA 分子的碱基组成比例各不相同,其 T_m 值最低的是(　　)。

A. DNA 中(A+T)对占 15%　　B. DNA 中(G+C)对占 25%

C. DNA 中(G+C)对占 40%　　D. DNA 中(A+T)对占 80%

17. 在下列哪一种情况下,互补的 DNA 两条单链会复性?(　　)

A. 速冷　　B. 加热　　C. 慢冷　　D. 加解链酶

四、判断并改错

(　　)1. 在病毒分子中,只含有一种核酸。

(　　)2. 真核细胞的线粒体和叶绿体中也含有 DNA。

(　　)3. snRNA 为不均一核 RNA。

(　　)4. 氢键是稳定 DNA 二级结构的最主要因素。

(　　)5. 不同来源的同一类 RNA 的碱基组成相同。

(　　)6. 5.8S rRNA 是真核生物核糖体所特有的。

(　　)7. 原核细胞(如大肠埃希菌)的 mRNA 半衰期较短(几秒或几分钟),而真核细胞的则较长。

(　　)8. 生物体内天然存在的 DNA 分子多为负超螺旋,但体外可得到正超螺旋。

(　　)9. 核酸不溶于一般有机溶剂,常常用乙醇沉淀的方法来获取核酸。

(　　)10. 用 1 mol/L 的 KOH 溶液水解核酸,DNA 及 RNA 的水解情况相同。

(　　)11. DNA 热变性后浮力密度增加,黏度下降。

(　　)12. 当 pH 高于 4 时,DNA 分子带正电。

(　　)13. 核酸分子的紫外吸收值比其所含核苷酸单体的紫外吸收值的总和要低。

(　　)14. DNA 适宜于保存在极稀的电解质溶液中。

(　　)15. 提纯的 DNA 样品测得 $OD_{260}/OD_{280}<1.8$,则说明样品中含有 RNA。

五、简答题

1. 什么是 RNA 的一级结构？简述真核生物 mRNA 一级结构的特点。
2. 简述 Chargaff 定律的主要内容。
3. DNA 双螺旋结构模型有哪些基本要点？这些特点能解释哪些基本的生命现象？
4. 简述 DNA 的三级结构。
5. 简述酵母丙氨酸 tRNA 二级结构的特点。
6. 简述真核生物 mRNA 3′端 polyA 尾巴的作用。
7. 简述分子杂交的概念及应用。
8. DNA 热变性有何特点？
9. 试述下列因素如何影响 DNA 的复性过程：①阳离子的存在；②低于 T_m 的温度；③高浓度的 DNA 链。
10. 比较 DNA 和 RNA 在化学结构上、大分子结构上和生物学功能上的特点。

六、计算题

1. 如果人体有 10^{14} 个细胞，每个细胞 DNA 含量为 6.4×10^9 bp，试计算一下人体 DNA 的总长度为多少？它相当于地球到太阳距离的多少倍？（已知地球和太阳之间的距离是 2.2×10^9 km）

2. 对于一双链 DNA 而言，若一条链中(A+G)/(T+C)=0.8，则

①互补链中(A+G)/(T+C)=？

②在整个 DNA 分子中(A+G)/(T+C)=？

③若一条链中(A+T)/(G+C)=0.8，则互补链中的(A+T)/(G+C)=？

④在整个 DNA 分子中的(A+T)/(G+C)=？

3. 在 pH7.0，0.165 mol/L NaCl 条件下，测得某一组织 DNA 样品的 T_m 为 89.3℃，求出 4 种碱基百分组成。

参考答案

一、名词解释

1. 核苷是指由一个碱基和一个戊糖通过糖苷键连接而成的化合物。

2. 核苷酸是指由核苷与磷酸通过磷酸酯键结合形成的化合物，是核酸的基本结构单位。

3. 核苷多磷酸是指由核苷与多个磷酸通过磷酸酯键结合形成的化合物，又称多磷酸核苷酸。

4. 非编码 RNA 是指不编码蛋白质的 RNA。在生物体内，95%以上的 RNA 属于非编码 RNA。

5. miRNA(micro RNA)是一组由基因组编码的长度为 20～23 个核苷酸的非编码 RNA，通过和靶基因 mRNA 碱基配对引导沉默复合体降解 mRNA 或阻碍其翻译。

6. circRNA(circular RNA)，即环状 RNA，是一类不具有 5′末端帽子和 3′末端 poly(A)尾巴，并由共价键形成环形结构的非编码 RNA 分子。

7. DNA 的一级结构是指 DNA 分子中各脱氧核糖核苷酸之间的连接方式和排列顺序。

8. DNA 的二级结构是指构成 DNA 的多聚脱氧核糖核苷酸链之间通过链间氢键卷曲而成的构象，其结构形式是右手双螺旋结构。

9. DNA 的双螺旋结构存在着多种构象形式，除了最常见的 B-型 DNA，还有 A-型 DNA 和 Z-型 DNA，这种现象被称为 DNA 双螺旋结构的多态性。

10. 核酸的变性是指核酸在高温、酸、碱或一些变性剂(如尿素等)的作用下，其氢键被破坏，导致有规律的双螺旋结构变成单链的、无规律“线团”的过程。当变性时，碱基间的氢键和碱基堆积的疏水力受到破坏，但没有共价键的断裂。

11. 在 DNA 变性后，双链发生解离，共轭双键更充分暴露，在 260 nm 处对紫外光的吸收增加，这种现象称为增色效应，可用于判断天然 DNA 是否发生变性。

12. 一般把引起 DNA 变性的温度叫作熔点或熔解温度。具体来说，T_m 值是指当 DNA 热变性时，增色效应达到 50%时的温度，有时也指 50%的核酸分子变性时的温度。

13. 变性 DNA 在适当的条件下，其两条分开的单链重新配对，缔合形成双螺旋结构，这个过程被称为核酸复性。

14. 当变性的核酸在复性时，其在 260 nm 处的紫外光吸收值降低，甚至恢复到未变性时的水平，这种现象被称为减色效应。

15. 在 DNA 水溶液加热变性后，双螺旋的两条链分开；如果将此溶液缓慢冷却至适当的温度，则两条链可能发生特异性的重组而恢复双螺旋，这个降温过程叫作退火。

16. 在 DNA 水溶液加热变性后，双螺旋的两条链分开；如果将此溶液迅速冷却，则两条链继续保持分开状态，难以完全复性，这个降温过程叫作淬火。

17. 分子杂交是指以碱基的互补配对为前提，不同来源的 DNA 链间以及 DNA 与 RNA 间通过碱基互补配对形成 DNA-DNA 或 DNA-RNA 杂合体双链的过程。

18. 核酸探针是指用放射性同位素或其他标记物标记的核酸片段。该片段具有特异序列，能与互补链结合；它可以是寡核苷酸片段、全基因或其一部分，也可以是 RNA；可用于特定基因的鉴定、疾病诊断、进化分析等方面。

二、填空题

1. 米切尔或 F. Miescher　核蛋白

2. 艾弗里或 O. T. Avery　DNA　蛋白质

3. 细胞核　组蛋白　类核区

4. 环形　质粒

5. rRNA　tRNA　mRNA　核糖体 RNA　转运 RNA　信使 RNA

6. 非编码 RNA　长非编码 RNA　小非编码 RNA

7. 200　核内小分子 RNA(snRNA)　核仁小 RNA(snoRNA)　胞质小分子 RNA(scRNA)　小干扰 RNA(siRNA)　微小 RNA(miRNA)与 Piwi 蛋白作用的 RNA(piRNA)　rRNA　tRNA

8. 脱氧核糖核酸　核糖核酸　*β-D*-脱氧核糖　*β-D*-核糖

9. 核苷酸　碱基　戊糖　磷酸

10. N1-C1′-糖苷　N9-C1′-糖苷

11. 尿苷酸(UMP)　脱氧胸苷酸(dTMP)

12. 3′,5′-磷酸二酯　3′-羟基　5′-磷酸

13. 文字式　TTGATC

14. 沃森或 J. Watson　克里克或 F. Crick

15. 碱基堆积力　氢键　离子键　碱基堆积力

16. 260 nm　280 nm

三、单项选择题

1. B　2. D　3. D　4. B　5. A　6. A　7. D　8. B　9. B　10. C　11. B　12. D　13. D　14. A　15. B　16. D　17. C

四、判断并改错

1. √。

2. √。

3. ×,snRNA 为小核 RNA,hnRNA 为核不均一 RNA。

4. ×,疏水作用力是稳定 DNA 二级结构最主要的因素。

5. ×,不同来源的同一类 RNA 其碱基组成不同。

6. √。

7. √。

8. √。

9. √。

10. ×,RNA 可以被碱水解成单核苷酸,而 DNA 分子中的脱氧核糖 2′碳原子上没有羟基,所以 DNA 不能被碱水解。

11. √。

12. ×,当 pH 高于 4 时,磷酸基上的氢全部解离,核酸呈阴离子状态。

13. √。

14. ×,溶液的离子强度低,DNA 的 T_m 低,在极稀的电解质溶液中,DNA 易发生变性。

15. ×,OD_{280} 主要由蛋白质产生,$OD_{260}/OD_{280}<1.8$,说明样品中含有蛋白质。

五、简答题

1. RNA一级结构是指核苷酸的排列顺序和连接方式。真核生物mRNA一级结构的特点为5′端有帽子结构，3′端有polyA尾结构，存在少数修饰碱基。

2. ①不同物种生物的DNA碱基组成不同，而同一生物不同组织、器官的DNA碱基组成相同。②在一个生物个体中，DNA的碱基组成并不随年龄、营养状况和环境变化而改变。③在几乎所有生物的DNA中，嘌呤碱基的总分子数等于嘧啶碱基的总分子数，腺嘌呤(A)和胸腺嘧啶(T)的分子数量相等，鸟嘌呤(G)和胞嘧啶(C)的分子数量相等，即A+G=T+C。这些重要的结论统称为Chargaff定律或碱基当量定律。

3. DNA双螺旋结构模型的基本要点：①两条反向平行的多核苷酸链围绕同一中心轴相互缠绕，两条链均为右手螺旋。②嘌呤与嘧啶位于双螺旋的内侧，磷酸与核糖在外侧，彼此通过3′,5′-磷酸二酯键相连接，形成DNA分子的骨架，碱基平面与纵轴垂直，糖环平面则与纵轴平行。多核苷酸链的方向取决于核苷酸间磷酸二酯键的走向，习惯上以$C_3{}' \rightarrow C_5{}'$为正向。两条链配对偏向一侧，形成一条大沟和一条小沟。③双螺旋的平均直径为2 nm，两个相邻的碱基对之间的高度，即碱基堆积距离为0.34 nm，两个核苷酸之间的夹角为36°，沿中心轴每旋转一周有10个核苷酸，每一转的高度(即螺距)为3.4 nm。④两条核苷酸依靠彼此碱基之间形成的氢键相联系，并结合在一起。⑤碱基在一条链上的排列顺序不受任何限制。根据碱基配对原则，当一条多核苷酸链的序列彼此确定后，即可确定另一互补的序列。

这些特点可解释的生命现象：双螺旋DNA是储存遗传信息的分子，通过半保留复制，储存遗传信息，通过转录和翻译表达出生命活动所需信息(蛋白质和酶)。

4. DNA的三级结构是指DNA双螺旋进一步折叠卷曲而成的构象。超螺旋是DNA三级结构中最常见的形式。在原核生物中，共价闭合的环状双螺旋DNA分子，可再次旋转形成超螺旋，且天然DNA中多为负超螺旋。真核生物线粒体、叶绿体DNA也是环形分子，能形成超螺旋结构。真核细胞核内染色体是DNA高级结构的主要表现形式，由组蛋白H2A、H2B、H3、H4各两分子形成组蛋白八聚体，DNA双螺旋缠绕其上，构成核小体，核小体再经多步旋转，折叠形成棒状染色体，存在于细胞核中。

5. 酵母丙氨酸tRNA二级结构的特点：①tRNA二级结构为四臂四环的三叶草形。②主要由氨基酸臂、二氢尿嘧啶环、反密码子环、额外环和TψC环等构成。③3′末端具有CCA-OH结构。

6. 真核生物mRNA的3′端有一段多聚腺苷酸(即polyA)尾巴，长20～300个腺苷酸。该尾巴与mRNA由细胞核向细胞质的移动有关，也与mRNA的半衰期有关。研究发现，polyA的长短与mRNA寿命呈正相关，刚合成的mRNA寿命较长，“老”的mRNA寿命较短。

7. 分子杂交是指以碱基的互补配对为前提，不同来源的DNA链间以及DNA与RNA间通过碱基互补配对，形成DNA-DNA或DNA-RNA杂合体双链的过程，生成的双链称杂合双链。DNA与DNA的杂交叫作Southern杂交，DNA与RNA杂交叫作Northern杂交。

核酸杂交已被广泛应用于遗传病的产前诊断、致癌病原体的检测、癌基因的检测和诊断、亲子鉴定和动植物检疫等方面。

8. 将DNA溶液加热到70～100℃，几分钟后，双螺旋结构即发生破坏，氢键断裂，两条链彼此分开，形成无规则线团状，该过程为DNA的热变性。DNA热变性的特点：变性温度范围很窄；260 nm处的紫外吸收增加；黏度下降；生物活性丧失；比旋度下降；酸碱滴定曲线改变。

9. ①阳离子可中和 DNA 分子中磷酸基团的负电荷，减弱 DNA 链间的静电作用，促进 DNA 的复性；②低于 T_m 的温度可以促进 DNA 的复性；③DNA 链浓度增高可以加快互补链随机碰撞的速率和机会，从而促进 DNA 的复性。

10. DNA 的一级结构的组成成分为脱氧核糖核苷酸，核苷酸残基的数目有几千至几千万个；RNA 的组成成分是核糖核苷酸，核苷酸数目仅有几十个到几千个。另外，在 DNA 分子中，A=T，G=C，而在 RNA 分子中 A≠U，G≠C。

两者的相同点：它们都是以单核苷酸为基本组成单位，核苷酸残基之间都是由 3′,5′-磷酸二酯键连接的。

二级结构：DNA 是双链分子，2 条链之间通过氢键和碱基完全配对（A—T，G—C）形成双螺旋的二级结构，一般是右手螺旋，也有左手螺旋。RNA 是单链分子，分子内部的不同部位（有的近距离，也有远距离）能够通过碱基发生配对（A—U，G—C 和 G—U），形成既有单链，又有双链的 RNA 二级结构，RNA 二级结构元件有烃环（发夹）结构、内部环结构、分支环结构和中心环结构等。

六、计算题

1. 6.4×10^9 bp $\times 0.34$ nm $\times 10^{14}$ 个 $=2.2\times10^{14}$ m $=2.2\times10^{11}$ km

2.2×10^{11} km $\div 2.2\times10^9$ km $=100$ 倍。

2. ①互补链中 $(A+G)/(T+C)=1/0.8=1.25$。

②在整个 DNA 分子中，因为 A=T，G=C，所以 A+G=T+C，$(A+G)/(T+C)=1$。

③互补链中的 $(A+T)/(G+C)=0.8$。

④整个 DNA 分子中的 $(A+T)/(G+C)=0.8$。

3. 大片段 DNA 的 T_m 计算公式为：$(G+C)\%=(T_m-69.3)\times2.44\%$，小于 20 bp 的寡核苷酸的 T_m 的计算公式为 $T_m=4(G+C)+2(A+T)$。

$(G+C)\%=(T_m-69.3)\times2.44\%=(89.3-69.3)\times2.44\%=48.8\%$，那么 $G\%=C\%=24.4\%$。

$(A+T)\%=1-48.8\%=51.2\%$，$A\%=T\%=25.6\%$。

第三章　蛋白质的结构与功能

一、名词解释

1. 简单蛋白质　2. 结合蛋白质　3. 非蛋白质氨基酸
4. 氨基酸与蛋白质的等电点　5. 氨基酸残基　6. 肽平面(肽单位)
7. 二面角　8. 生物活性肽　9. 构象
10. 蛋白质一级结构　11. 蛋白质二级结构　12. α-螺旋
13. β-折叠　14. β-转角　15. 无规卷曲
16. 蛋白质超二级结构　17. 蛋白质结构域　18. 蛋白质三级结构
19. 蛋白质四级结构　20. 蛋白质亚基(亚单位)
21. 同功能蛋白质(同源蛋白质)　22. 蛋白质变性　23. 蛋白质复性
24. 蛋白质变构效应　25. 蛋白质电泳

二、填空题

1. 1965 年 9 月 17 日，中国科学院生物化学研究所、有机化学研究所和北京大学化学系合作，在王应睐和邹承鲁等领导下，在世界上第一次人工合成了具有生物活性的______，从而表明中国在多肽和蛋白质合成方面的科学技术已居世界领先地位。

2. 根据化学组成不同，可将蛋白质分为______与______；根据形状不同，可将蛋白质分为______与______。

3. 元素分析表明，所有蛋白质都含______四种主要元素，各种蛋白质的______含量比较恒定，平均值约为______，因此可通过测定______的含量，推算出蛋白质的大致含量，这种方法称______，是蛋白质定量的经典方法之一。

4. 蛋白质的基本构件分子是 20 种常见的氨基酸，除______氨酸是 α-亚氨基酸、______氨酸不具有旋光性，其余均为______型氨基酸；它们在结构上的差别仅在于侧链基团 R 的不同。

5. 请写出组成蛋白质的氨基酸的结构通式______。

6. 根据侧链 R 基团的极性以及带电荷性质，20 种常见蛋白质氨基酸可以分成______、______、______、______四类。

7. 大部分蛋白质均含有带芳香环的氨基酸，它们分别是______、______、______。这三种氨基酸在 280 nm 光附近有最大光吸收。因此，大多数蛋白质在 280 nm 光附近显示强的吸收。利用这个性质，可以对蛋白质进行定性鉴定。

8. Sanger 试剂是指______________。

9. 氨基酸一般与茚三酮发生反应生成______________色化合物，而脯氨酸与茚三酮反应生成______________色化合物。

10. 蛋白质多肽链中的肽键是通过一个氨基酸的______________基和另一个氨基酸的______________基连接而形成的。

11. GSH 的中文名称是______________它的活性基团是______________，它的作用是______________。

12. 氨基酸的味感与其立体构型有关。______________型氨基酸多数带有甜味，甜味最强的是______________，甜度可达蔗糖的 40 倍；______________型氨基酸有甜、苦、酸、鲜等 4 种不同味感，其中______________是味精的主要成分。

13. 蛋白质分子具有复杂的、特定的结构，大体上分为______________和______________，后者又分为______________、______________、______________、______________与______________。

14. 维持蛋白质一级结构的化学键有______________和______________，维持蛋白质二级结构靠______________键；维持蛋白质三级结构和四级结构靠______________键，其中包括______________、______________、______________和______________。

15. 天然蛋白质中的 α-螺旋结构，其主链上所有的羰基氧与亚氨基氢都参与了链内______________键的形成，因此构象相当稳定。

16. 在蛋白质的 α-螺旋结构中，若出现______________氨酸，螺旋结构易中断。

17. 在蛋白质的 3.6_{13} 螺旋结构中，3.6 的含义是______________，13 的含义是______________。

18. 球状蛋白质中有______________侧链的氨基酸残基常位于分子表面并与水结合，而有______________侧链的氨基酸位于分子的内部。

19. 生活在海洋中的哺乳动物能长时间潜水，是由于它们的肌肉中含有大量的______________以储存氧气。

20. 血红蛋白的氧饱和曲线是______________型，肌红蛋白的氧饱和曲线为______________型。

21. 关于蛋白质变性的概念与学说是我国生物化学家______________于______________世纪______________年代首先提出的，至今仍为人们所承认。

22. 蛋白质泳动速率一般用______________来表示，其大小与蛋白质分子的______________、形状和所带______________有关。

23. 当电极缓冲液的 pH＞pI 时，蛋白质带______________电荷，在直流电场中，向______________极移动。当溶液的 pH＝pI 时，氨基酸溶解度______________，利用这一特性可以从各种氨基酸的混合溶液中分离制备某种氨基酸。

24. 今有甲、乙、丙 3 种蛋白质，它们的等电点分别为 8.0、4.5 和 10.0，当电极缓冲液 pH 为 8.0 时，它们在电场中电泳的情况为甲______________，乙______________，丙______________。

25. 蛋白质溶液具有胶体的性质，其分散于水中的颗粒直径为 1～100 nm，使蛋白质溶液稳定的两个因素是蛋白质分子表面的______________和______________。

26. 在蛋白质溶液中，加入低浓度的中性盐可使蛋白质溶解度______________，这种现象被称为______________，而加入高浓度的中性盐，当达到一定的盐饱和度时，可使蛋白质的溶解度____________,并有沉淀析出,这种现象称为____________,常利用蛋白质的这种性质分离蛋白质。

27. 常用的测定蛋白质含量的方法有____________、____________、____________、____________与____________。

28. 常用的测定蛋白质相对分子量的方法有____________、____________和____________。

三、单项选择题

1. 动物体蛋白质中含有的 20 种氨基酸的结构(　　)。

A. 全部是 *L*-型　　B. 全部是 *D*-型

C. 部分是 *L*-型,部分是 *D*-型　　D. 除甘氨酸,其余都是 *L*-型

2. 下列哪种氨基酸属于亚氨基酸?(　　)

A. 丝氨酸　　B. 脯氨酸　　C. 亮氨酸　　D. 组氨酸

3. 在生理条件下,下列哪种氨基酸带负电荷?(　　)

A. Arg　　B. His　　C. Lys　　D. Asp

4. 属于酸性氨基酸的是(　　)。

A. Leu　　B. Met　　C. Glu　　D. Arg

5. 下列哪种氨基酸为动物必需氨基酸?(　　)

A. 天冬氨酸　　B. 谷氨酸　　C. 蛋氨酸　　D. 丙氨酸

6. 下列 4 种氨基酸中哪个有碱性侧链?(　　)

A. 脯氨酸　　B. 苯丙氨酸　　C. 异亮氨酸　　D. 赖氨酸

7. 侧链含有巯基的氨基酸是(　　)。

A. Met　　B. Cys　　C. Leu　　D. His

8. 不参与动物体内蛋白质合成的氨基酸是(　　)。

A. 苏氨酸　　B. 半胱氨酸　　C. 赖氨酸　　D. 鸟氨酸

9. 氨基酸在等电点时应具有的特点是(　　)。

A. 不具正电荷　　B. 不具负电荷　　C. 溶解度最大　　D. 在电场中不泳动

10. 蛋白质多肽链具有的方向性是(　　)。

A. 从 3′端到 5′端　　B. 从 5′端到 3′端

C. 从 C 端到 N 端　　D. 从 N 端到 C 端

11. 形成稳定的肽链空间结构,非常重要的一点是肽键中的 4 个原子以及与它相邻的 2 个 α-碳原子处于(　　)。

A. 不断绕动状态　　B. 可以相对自由旋转

C. 同一平面　　D. 随不同外界环境而变化的状态

12. 蛋白质的空间构象主要取决于(　　)。

A. 氨基酸残基的序列　　B. α-螺旋的数量

C. 肽链中的肽键　　D. 肽链中的二硫键位置

13. 下列哪种蛋白质结构是具有生物活性的结构？（　　）

A. 一级结构　　B. 二级结构　　C. 超二级结构　　D. 三级结构

14. 下列关于二硫键的叙述，哪一项是错误的？（　　）

A. 二硫键是两条肽链或者同一条肽链的两分子半胱氨酸氧化后形成的

B. 二硫键对于所有蛋白质的四级结构是必需的

C. 二硫键对稳定蛋白质的构象起重要作用

D. 在某些蛋白质中，二硫键是一级结构所必需的(如胰岛素)

15. 关于蛋白质结构的描述，下列哪一种说法是错误的？（　　）

A. 都有一级结构　　B. 都有二级结构　　C. 都有三级结构　　D. 都有四级结构

16. 破坏 α-螺旋结构的氨基酸残基是(　　)。

A. 亮氨酸　　B. 丙氨酸　　C. 脯氨酸　　D. 谷氨酸

17. 含有 88 个氨基酸残基的 α-螺旋的螺旋长度是(　　)。

A. 13.2 nm　　B. 11.7 nm　　C. 15.2 nm　　D. 11.2 nm

18. 蛋白质多肽链的局部主链形成的 α-螺旋主要靠哪种化学键来维持？（　　）

A. 疏水键　　B. 配位键　　C. 氢键　　D. 二硫键

19. 下列关于 β-折叠片层结构的叙述，哪项是正确的？（　　）

A. β-折叠常呈左手螺旋

B. β-折叠只在两条不同的肽链间形成

C. β-折叠主要靠链间的氢键来稳定

D. β-折叠主要靠链内的氢键来稳定

20. 维持蛋白质二级结构稳定的主要作用力是(　　)

A. 盐键　　B. 疏水键　　C. 氢键　　D. 二硫键

21. 关于蛋白质三级结构的叙述，下列哪项是正确的？（　　）

A. 疏水基团位于分子内部

B. 亲水基团位于分子内部

C. 亲水基团及可解离基团位于分子内部

D. 羧基多位于分子内部

22. 对具有四级结构的蛋白质进行分析，其为(　　)。

A. 只有一个游离的 α-羧基和一个游离的 α-氨基

B. 只有游离的 α-羧基，没有游离的 α-氨基

C. 只有游离的 α-氨基，没有游离的 α-羧基

D. 有两个或两个以上的游离的 α-羧基和 α-氨基

23. 下列关于蛋白质亚基的描述，哪条是正确的？（　　）。

A. 一条多肽链卷曲成螺旋结构

B. 两条以上多肽链卷曲成二级结构

C. 两条以上多肽链与辅基结合成蛋白质

D. 每个亚基都有各自的三级结构

24. 血红蛋白的氧合曲线呈 S 形，这是由于(　　)。

A. 氧与血红蛋白各亚基的结合是互不相关的独立过程

B. 第一个亚基与氧结合后增加了其余亚基与氧的亲和力
C. 第一个亚基与氧结合后降低了其余亚基与氧的亲和力
D. 氧使铁变成高价铁

25. 镰刀形红细胞贫血病是由 HbA 的结构变化引起的，其变化的特点是（　　）。
A. HbA α-链的 N-端第六位谷氨酸残基被缬氨酸取代
B. HbA α-链的 C-端第六位谷氨酸残基被缬氨酸取代
C. HbA β-链的 N-端第六位谷氨酸残基被缬氨酸取代
D. HbA β-链的 C-端第六位谷氨酸残基被缬氨酸取代

26. 在蛋白质溶液中，加入哪种试剂不会导致蛋白质的变性？（　　）。
A. 尿素　　B. 盐酸胍　　C. SDS　　D. 硫酸铵

27. 某蛋白质混合溶液含有 4 种蛋白质，它们的等电点分别为 4.8、5.4、6.6、7.5。在该蛋白质样品进行电泳时，下列哪种电极缓冲液可以使上述所有蛋白质泳向阳极？（　　）
A. pH8.0　　B. pH7.0　　C. pH6.0　　D. pH4.0

28. $(NH_4)_2SO_4$ 沉淀蛋白质后，可选用透析法除去它。为确定 $(NH_4)_2SO_4$ 是否从透析袋中除净，你选用哪一种试剂检查？（　　）
A. 茚三酮试剂　　B. 奈氏试剂　　C. 双缩脲试剂　　D. 酚试剂

29. 蛋白质吸收紫外线能力的大小主要取决于（　　）。
A. 碱性氨基酸的含量　　B. 肽链中的肽键
C. 芳香族氨基酸的含量　　D. 含硫氨基酸的含量

30. 在用凝胶过滤法分离蛋白质时，从层析柱上先被洗脱下来的是（　　）。
A. 分子量大的　　B. 分子量小的　　C. 带电荷多的　　D. 带电荷少的

四、判断并改错

（　　）1. 非必需氨基酸是指对动物来说基本不需要的氨基酸。

（　　）2. 构成动物体蛋白质的氨基酸都有一个不对称 α-碳原子。

（　　）3. 某一氨基酸晶体溶于 pH7.0 的水中，所得溶液的 pH 为 8.0，则此氨基酸的 pI 必大于 8.0。

（　　）4. 因为羧基碳和亚氨基氮之间的部分双键性质，所以肽键不能自由旋转。

（　　）5. 多肽链主链骨架是由许多肽单位（肽平面）通过 α-碳原子连接而成的。

（　　）6. 1953 年，英国的 Sanger 等首次完成了牛胰岛素全部化学结构的测定工作。

（　　）7. 蛋白质 α-螺旋结构的稳定性是靠链内氢键维持的，肽链上每个肽键都参与氢键的形成。

（　　）8. 所有的蛋白质都具有一级、二级、三级、四级结构。

（　　）9. 构型的改变必须有旧的共价键的破坏和新的共价键的形成，而构象的改变则不发生此变化。

（　　）10. 肌红蛋白是具有典型四级结构的蛋白质分子，其分子中的 Fe^{2+} 可与 1 个氧分子结合。

(　　)11. 肌红蛋白与氧的亲和力大，能在氧分压低的情况下迅速与氧结合成接近饱和的状态，其氧饱和曲线呈双曲线，适于在肌肉中贮存氧。

(　　)12. 血红蛋白和肌红蛋白都是氧的载体，前者是一种典型的变构蛋白，在与氧结合过程中出现变构效应，而后者却不是。

(　　)13. 当蛋白质变性时，天然蛋白质分子的空间结构与一级结构均被破坏。

(　　)14. 蛋白质前体激活的本质就是有活性的蛋白质构象的形成过程。

(　　)15. 变性蛋白质的溶解度降低是由中和了蛋白质分子表面的电荷及破坏了外层的水膜所引起的。

(　　)16. 在蛋白质分子中，个别氨基酸的替代未必会引起蛋白质活性的改变。

(　　)17. 蛋白质在等电点时，净电荷为零，溶解度最小。

(　　)18. 在分子筛层析时，分子质量较小的蛋白质最先被洗脱出来。

(　　)19. 盐析法可使蛋白质沉淀，但不引起变性，所以盐析法常用于蛋白质的分离制备。

五、简答题

1. 把某个氨基酸结晶加入 pH7.0 的纯水中，得到了 pH6.0 的溶液，请问该氨基酸的 pI 值是大于 6.0？小于 6.0？还是等于 6.0？为什么？

2. 谷胱甘肽分子在结构上有何特点？有何生理功能？

3. 构象与构型有什么异同？什么是蛋白质的构象？

4. 蛋白质二级结构是指什么？包括哪几种类型？维持该结构的化学键是什么？

5. 蛋白质 α-螺旋结构有何特点？一个含有 78 个氨基酸残基的多肽，若呈 α-螺旋结构，其长度为多少 nm？

6. 多肽链片段是在疏水环境中，还是在亲水环境中更有利于 α-螺旋的形成？为什么？

7. 根据蛋白质一级结构可以预测蛋白质的空间结构。假设有以下氨基酸序列：Ile-Ala-His-Thr-Tyr-Gly-Pro-Glu-Ala-Ala-Met-Cys-Lys-Try-Glu-Ala-Gln-Pro-Asp-Gly-Met-Glu-Cys-Ala-Phe-His-Arg：

①预测在该序列的哪个氨基酸残基处可能会出现卷曲或 β-转角？

②何处可能形成链内二硫键？

③假设该序列只是大的球蛋白的一部分，试分析在 Asp、Try、Gln、Val、Lys、Thr、Leu 中，哪些氨基酸残基可能分布在该球蛋白的外表面？哪些分布在球蛋白的内核？

8. 比较血红蛋白和肌红蛋白的氧合能力。

9. 请解释血红蛋白的 S 形氧合曲线及其意义。

10. 胰岛素分子包含 A 链和 B 链，是否代表有两个亚基？为什么？

11. 什么是蛋白质变性作用？引起蛋白质变性的因素有哪些？

12. 蛋白质变性作用有哪些实际应用？

13. 尿素和 SDS 是两种常见的蛋白质变性剂，它们各自引起蛋白质变性的原理是什么？

14. 用什么试剂可以将胰岛素链间的二硫键打开与还原？当蛋白质变性时，为了防止生成的巯基重新被氧化，可加入何种试剂来保护？

15. 简述蛋白质沉淀与变性的关系。

六、论述题

1.请从蛋白质在生命活动中发挥作用的角度,论述“没有蛋白质,就没有生命”。

2.论述蛋白质结构与功能的关系。

3.举例说明蛋白质一级结构与蛋白质高级结构的关系。

4.电泳是指什么?泳动速率一般用迁移率来表示,请概述迁移率的含义、影响因素及规律。

5.根据蛋白质的理化性质,概述蛋白质分离提纯的一般步骤与方法。

6.SDS的中文全称是什么?作用是什么?概述用SDS-聚丙烯酰胺凝胶电泳(SDS-PAGE)法测定蛋白质相对分子量的原理。

参考答案

一、名词解释

1. 蛋白质水解后，只含有氨基酸成分，而不含有氨基酸以外成分，这类蛋白质被称为简单蛋白质。

2. 蛋白质水解后，除了含有氨基酸，还有其他成分（辅因子）的存在，这类蛋白质被称为结合蛋白质。

3. 有些氨基酸能以游离或结合的形式存在于自然界，但不是构成生物体蛋白质的成分，这样的氨基酸称为非蛋白质氨基酸。

4. 在某 pH 溶液中，若氨基酸（或蛋白质）解离成阳离子和阴离子的趋势及程度相等，成为两性离子，氨基酸（或蛋白质）分子呈电中性，此时溶液的 pH 就称为该氨基酸与蛋白质的等电点。

5. 由于参与肽键的形成，肽链中的氨基酸已经不再具有完整的氨基或羧基，因此称为氨基酸残基。

6. 在多肽链或蛋白质分子中，组成肽键的 C、O、N、H 4 个原子与 2 个相邻的 α-碳原子（C_α）共处一个平面，称为肽平面。因肽平面是多肽链主链的重复单位，故肽平面又被称为肽单位。

7. 多肽链主链上的 C_α 原子位于相邻两个肽平面的连接处，C_α—N 和 C_α—C 均为单键，可自由旋转。围绕 C_α—C 单键旋转的肽平面的旋转角度称 Ψ；围绕 C_α—N 单键旋转的肽平面的旋转角度称 Φ。由于 Φ 和 Ψ 这两个转角决定了相邻两个肽平面在空间上的相对位置，故习惯上将这两个转角称为二面角。

8. 在生物体内有很多以游离状态存在、相对分子质量往往小于 6 000、在构象上较松散、并且具有多种特殊生物学功能的小肽，其中有些小肽还含有蛋白质中不存在的 γ-肽键、β-氨基酸和 D 型氨基酸，它们被统称为生物活性肽。

9. 构象是指具有相同结构式和相同构型的分子在空间里可能的多种形态。构象形态间的改变是由单键的旋转而产生的，它不涉及共价键的断裂。

10. 蛋白质一级结构是指蛋白质多肽链中氨基酸残基从 N 末端到 C 末端的排列顺序，即氨基酸序列。维持蛋白质一级结构的化学键主要是肽键，有些蛋白质还包含二硫键。

11. 蛋白质二级结构是指蛋白质多肽链局部主链原子依靠氢键而形成的有规则的局部空间构象，包括 α-螺旋、β-折叠、β-转角和无规卷曲 4 种构象单元。

12. α-螺旋是指多肽链主链围绕同一中心轴螺旋式上升而形成的螺旋结构。其特征为：3.6个氨基酸残基旋转一圈，上升的垂直距离 0.54 nm；相邻的螺旋之间形成链内氢键；R 基侧链位于 α-螺旋的外侧。

13. 由两条或多条几乎完全伸展的肽链（可以是 1 条肽链的不同肽段或 2 条与多条肽链），借助于链间形成的氢键，侧向聚集在一起而形成的折叠的层状结构，被称为 β-折叠或 β-折叠片。

14. 在多肽链的主链骨架中，经常出现 180°的转弯，因为该种结构常常连接两条反向平行的β-折叠，所以被称为β-转角。

15. 除了α-螺旋、β-折叠、β-转角这3种有规则的二级结构，在球蛋白分子的多肽链主链骨架中，还存在一些无确定规律性的盘曲，称为无规卷曲。

16. 在蛋白质中，某些相邻的二级结构单元(α-螺旋、β-折叠、β-转角、无规卷曲)常常相互靠近、彼此作用，在局部区域形成有规则的二级结构聚合体，充当更高层次结构的构件，该二级结构的聚合体就称为蛋白质超二级结构。

17. 蛋白质结构域是指较大的球状蛋白分子的一条长的多肽链往往在超二级结构的基础上进一步卷曲折叠，形成若干个空间上相对独立、且具有一定功能的近似球状的紧密实体。

18. 单条肽链蛋白质分子中所有原子和基团在三维空间中的排布被称为蛋白质三级结构。

19. 蛋白质四级结构是指含两条或多条肽链的蛋白质分子中，各亚基间通过非共价键彼此缔合在一起而形成的特定的三维结构。

20. 由两条或两条以上的多肽链通过非共价键组成的蛋白质叫寡聚蛋白。由几十条，甚至更多条肽链聚合而成的蛋白质称为多聚蛋白。这两种蛋白质中的肽链又可称为蛋白质亚基(亚单位)，其中每一条多肽链都有完整的三级结构。

21. 来源于不同生物的具有同一生物学功能的蛋白质被称为同功能蛋白质(同源蛋白质)。研究同功能蛋白质不仅可了解蛋白质一级结构与功能的关系，而且可以根据它们在一级结构上的差异程度，判断它们在亲缘关系上的远近，为研究生物进化提供有关分子进化的证据。

22. 在一些理化因素的作用下，维持天然蛋白质分子特定空间构象的化学键被破坏，使天然蛋白质分子从原来紧密有序的折叠构象(天然态)变成了松散无序的伸展构象(变性态)，并导致蛋白质生物学功能的丧失和某些物理及化学性质的改变，该现象即为蛋白质变性。

23. 蛋白质(尤其是小分子蛋白质)的变性作用如果不过于剧烈，当除去变性因素后，可重新恢复原来的天然构象，并恢复全部的生物活性，这种现象被称为蛋白质复性。

24. 在寡聚蛋白分子中，由于一个亚基与其他小分子结合而发生构象变化，相邻亚基的分子构象和功能也发生改变，这种改变被称为蛋白质变构效应。

25. 在直流电场中，带净正电荷的蛋白质向阴极移动，带净负电荷的蛋白质向阳极移动，这种现象被称蛋白质电泳。

二、填空题

1. 结晶牛胰岛素

2. 简单蛋白质　结合蛋白质　球状蛋白　纤维状蛋白

3. 碳、氢、氧、氮　氮　16%　氮　凯氏定氮法

4. 脯氨酸　甘氨酸　*L*

5.
$$\begin{array}{c} \mathrm{COOH} \\ | \\ \mathrm{H_2N—C_\alpha—H} \\ | \\ \mathrm{R} \end{array}$$

6. 非极性氨基酸　不带电荷极性氨基酸　带正电荷极性氨基酸　带负电荷极性氨基酸

7. 苯丙氨酸　酪氨酸　色氨酸

8. 2,4-二硝基氟苯

9. 蓝紫　黄

10. 氨　羧

11. 还原型谷胱甘肽　巯基　维持动物体有活性蛋白质半胱氨酸残基处于还原状态

12. *D*　*D*-色氨酸　*L*　*L*-谷氨酸的单钠盐

13. 一级(初级)结构　空间(高级)结构　二级结构　超二级结构　结构域　三级结构　四级结构

14. 肽键　二硫键　氢键　次级键(非共价键)　氢键　离子键　疏水作用力　范德华力

15. 氢

16. 脯

17. α-螺旋的一周含 3.6 个氨基酸残基　α-螺旋的一周含 13 个原子

18. 亲水性　疏水性

19. 肌红蛋白

20. S　双曲线

21. 吴宪　20　30

22. 相对迁移率　分子量　净电荷

23. 负　阳　最低

24. 不动　向阳极移动　向阴极移动

25. 水化膜　双电荷层

26. 增加　盐溶　减小　盐析

27. 福林-酚法或 Lowry 法　染料结合分析法或 Bradford 法　双缩脲法　紫外分光光度法　凯氏定氮法

28. 沉降速度法　凝胶过滤法　SDS-聚丙烯酰胺凝胶电泳法(SDS-PAGE 法)

三、单项选择题

1. D　2. B　3. D　4. C　5. C　6. D　7. B　8. D　9. D　10. D

11. C　12. A　13. D　14. B　15. D　16. C　17. A　18. C　19. C　20. C

21. A　22. D　23. D　24. B　25. C　26. D　27. A　28. B　29. C　30. A

四、判断并改错

1. ×，非必需氨基酸是指可由动物体自行合成的氨基酸。这里所说的“必需”还是“非必需”是指其是否必须由饲料供给，并非指其对动物来说需要与否。

2. ×，甘氨酸除外。

3. √。

4. √。

5. √。

6. √。

7. ×，蛋白质二级结构的稳定性是由链内氢键维持的，如 α-螺旋结构和 β-折叠结构中的氢键均起到稳定结构的作用。但并非肽链中所有的肽键都参与氢键的形成，如脯氨酸与相邻氨基酸形成的肽键。

8. ×，含有两条及两条以上肽链的蛋白质分子才有四级结构。

9. √。

10. ×，肌红蛋白只含有 1 条多肽链，是具有典型三级结构的蛋白质分子，不具有四级结构。

11.√。

12.√。

13.×，当蛋白质变性时，天然蛋白质分子的空间结构被破坏，而蛋白质的一级结构仍保持不变。

14.√。

15.×，蛋白质变性是指维持蛋白质构象稳定的作用力（次级键和二硫键）被破坏导致蛋白质空间结构也被破坏，并丧失生物活性的现象。在次级键被破坏以后，蛋白质结构松散，原来聚集在分子内部的疏水性氨基酸侧链伸向外部，减弱了蛋白质分子与水分子的相互作用，因而溶解度降低。

16.√。

17.√。

18.×，在分子筛层析时，分子质量较大的蛋白质首先被洗脱出来。

19.√。

五、简答题

1.由于该氨基酸的溶解使水溶液的 pH 由 7.0 下降到 6.0，溶液中 H^+ 浓度增加了，而这些增加的 H^+ 的唯一来源是由该氨基酸解离下来的。由于氨基酸的解离释放了 H^+，所以此时氨基酸必定带上了负电荷。要使此带负电的氨基酸所带的净电荷为零，则必须向该溶液中加入 H^+。加入 H^+ 后，溶液的 pH 一定小于 6.0，所以该氨基酸的 pI 值一定小于 6.0。

2.谷胱甘肽（GSH）是由谷氨酸、半胱氨酸和甘氨酸组成的三肽。与一般肽键不同，GSH 的第一个肽键是由谷氨酸以 γ-羧基而不是由 α-羧基与半胱氨酸的 α-氨基形成的肽键。GSH 分子中的半胱氨酸的巯基是该化合物的主要功能基团。

GSH 的巯基具有还原性，可作为体内重要的还原剂，保护体内蛋白质或酶分子中的巯基免遭氧化，使蛋白质或酶处在活性状态。此外，GSH 的巯基还有嗜核特性，能与外源的嗜电子毒物（如致癌剂或药物等）结合，从而阻断这些化合物与机体 DNA、RNA 或蛋白质结合，以保护机体免遭毒物损害。

3.构象是指在分子中由共价单键的旋转所表现出的原子或基团的不同空间排布，构象的改变不涉及共价键的断裂和重新组成，构象形式有无数种。

构型是指在立体异构体中的原子或取代基团的空间排列关系。构型不同的分子在立体化学形式上能够区分。构型有两种，即 *D*-型和 *L*-型。构型的改变由共价键的断裂和重新组成。

蛋白质的构象是指蛋白质的空间构象或立体结构，也叫作蛋白质的三维结构。

4.蛋白质二级结构是指蛋白质多肽链主链上的某些肽段可以借助氢键形成一些有规则的构象，包括 α-螺旋、β-折叠、β-转角和无规卷曲 4 种构象单元。蛋白质二级结构并不涉及 R 基侧链的构象，维持该结构的化学键是氢键。

5.蛋白质 α-螺旋结构的特点：①多肽链主链绕中心轴旋转，形成棒状螺旋结构，每个螺旋含有 3.6 个氨基酸残基，共有 13 个原子。螺距为 0.54 nm，氨基酸残基之间的轴心距为 0.15 nm。②α-螺旋结构的稳定主要靠链内氢键，每个氨基酸的亚氨基氢与前面第 4 个氨基酸的羰基氧形成氢键。③大多天然蛋白质的 α-螺旋结构为右手螺旋。

其长度为 $78\times0.15=11.7$ (nm)。

6. 多肽链片段在疏水环境中更有利于α-螺旋的形成。由于稳定α-螺旋的作用力是氢键，疏水环境中很少有极性基团干扰氢键的形成。而亲水环境中则存在较多的极性基团或极性分子，它们能够干扰α-螺旋中的氢键，使之变得不稳定。

7. ①可能在第7位和第18位氨基酸残基处拐弯，因为脯氨酸常出现在拐弯处。

②第12位和第23位的半胱氨酸残基可形成二硫键。

③分布在外表面的为极性带电荷的氨基酸残基：Asp、Gln和Lys；分布在内部的是非极性的氨基酸残基：Try、Leu和Val；尽管Thr有极性，但疏水性也很强，因此，它出现在外表面和内部的可能性都有。

8. 肌红蛋白是指具有三级结构的单链蛋白；血红蛋白是指由4个亚基组成的寡聚蛋白，亚基之间通过盐键相连、互相限制。两者均有含铁的血红素辅基，均可与氧结合。但两种蛋白质的氧结合曲线有一定差别：①肌红蛋白的氧合曲线为双曲线，而血红蛋白为S形氧合曲线；②在相同氧分压情况下，肌红蛋白的氧饱和度总是高于血红蛋白的氧饱和度；③在氧分压较低时，血红蛋白较难与氧结合。

9. 在血红蛋白分子构象中，4个亚基之间通过8个盐键相连接，结合紧密。当第一个亚基与氧结合时，需要破坏其间的盐键。当第一个亚基与氧结合以后，该亚基的构象发生改变，并进一步促使邻近的亚基构象改变，结果导致其他亚基与氧结合能力大大增强。当第四个亚基与氧结合后，整个分子的构象由紧密型变成了松弛型，这是一种正协同作用，所以血红蛋白氧合曲线呈S形。

血红蛋白的S形氧结合曲线具有重要的生理意义：在肺部因氧分压高，去氧血红蛋白与氧的结合接近饱和；在肌肉中，氧分压低，氧合血红蛋白与肌红蛋白相比能释放更多的氧，以满足肌肉运动和代谢对氧的需求。

10. 胰岛素分子中的A链和B链并不代表两个亚基。因为亚基最重要的特征是其本身具有特定的空间构象，而单独的胰岛素A链或B链都不具有特定的空间构象，所以胰岛素分子中的A链和B链并不代表两个亚基。

11. 蛋白质分子在变性因素的作用下失去生物活性的现象称为蛋白质变性作用。蛋白质变性作用的本质是蛋白质的特定构象被破坏，而不涉及蛋白质的一级结构的变化。变性后的蛋白质溶解度降低，黏度下降，失去生物活性，失去结晶能力，易被蛋白酶水解。

引起蛋白质变性的因素主要有两类：①物理因素，如热、紫外线照射、X射线照射、超声波、高压、振荡、搅拌等；②化学因素，如强酸、强碱、重金属、三氯乙酸、有机溶剂等。

12. 蛋白质变性有许多实际应用，如在医疗上，利用高温高压消毒手术器械，用紫外线照射手术室，用70%～75%乙醇消毒手术部位的皮肤。这些变性因素都可使细菌、病毒的蛋白质发生变性，从而使其失去致病作用，以防止病人伤口感染。另外，在蛋白质、酶的分离纯化过程中，为了防止蛋白质变性，必须保持低温，避免其受强酸、强碱、重金属盐、剧烈振荡等变性因素的影响。

13. 尿素能与多肽主链竞争氢键，更重要的是，能增加非极性侧链在水中的溶解度，降低维持蛋白质三级结构、四级结构的疏水作用力，从而使蛋白质变性。而SDS则是破坏维持蛋白质分子高级结构稳定的疏水作用力，非极性基团被暴露于介质水中。

14. 将二硫键打开与还原有两种方法。①氧化法：加入过甲酸，将二硫键氧化为磺酸基。②还原法：最常用的方法，使用巯基试剂，如β-巯基乙醇可使参与二硫键的2个半胱氨酸还原为带有游离巯基的半胱氨酸。为了使反应能顺利进行，通常加入一些变性剂，如高浓度的尿素等。加入过量的还原剂可以防止还原所得的巯基被重新氧化。

15. 蛋白质沉淀与变性的概念是不同的。沉淀是指在某些因素的影响下，蛋白质从溶液中析出的现象；变性是指在变性因素的作用下，蛋白质的空间结构被破坏，生物活性丧失，理化性质发生改变。变性蛋白质的溶解度往往降低，易结絮、凝固、沉淀；但是沉淀的蛋白质却不一定变性，如加热引起的蛋白质沉淀是由于蛋白质热变性所致，而硫酸铵盐析所得蛋白质沉淀一般不会变性。

六、论述题

1. 每一种蛋白质都有其特殊的结构与功能，它们几乎参与生命活动的每一个过程，在错综复杂的生命活动中发挥着重要的作用，表现出广泛的生物学功能。

可以从蛋白质在新陈代谢、代谢调节、物质运输、信息传递、运动等各种生命活动过程中扮演的角色，论述蛋白质的重要性。

综上所述，蛋白质在生命活动过程中发挥着极其重要的作用，是生命活动所依赖的重要物质基础之一，没有蛋白质，就没有生命。

2. 蛋白质是功能性大分子。每一种蛋白质都有特定的一级结构和空间结构，这些特定的结构是蛋白质行使各种功能的物质基础，蛋白质的各种功能又是其结构的体现。

(1)蛋白质一级结构与功能的关系。①以细胞色素 c 与胰岛素为例，对功能蛋白质的一级结构进行比较和分析，发现它们有许多氨基酸残基都是相同的，这些守恒残基序列正是同源蛋白质具有相同生物学功能的基础。② 同种蛋白质的一级结构差异往往很细微，通常只有极个别氨基酸残基的差别，也被称为微观差异。但微观差异在某些情况下可引起蛋白质功能的明显改变，甚至有时会可能引起疾病的发生，如镰刀型细胞贫血病就是由血红蛋白一级结构的微观差异而导致的一种分子病。③ 蛋白质前体的激活。许多具有一定功能的蛋白质在动物体内通常以无活性的前体形式产生和储存，这些无活性的蛋白质前体在机体需要时经过某种蛋白酶的限制性水解，切去部分肽段(一级结构的局部断裂)后，才变成具有生物活性的蛋白质，由此可见，某些蛋白质一级结构的局部断裂会引起这些蛋白质功能的改变。

(2)蛋白质空间结构与功能的关系。通过核糖核酸酶的变性与复性实验分析，发现蛋白质空间结构发生变化会导致蛋白质功能的丧失。

3. (1)可简述怀特和安芬森进行的牛胰核糖核酸酶(RNase)变性和复性的经典实验。当天然的 RNase 在 8 mol/L 尿素存在时，用 β-巯基乙醇处理后，分子内的 4 对二硫键即被还原成为巯基，整个肽链伸展，同时酶活性完全丧失。然后，用透析方法将尿素和巯基乙醇除去后，RNase 高级结构恢复，酶活性也得到恢复。这一实验结果说明了，蛋白质高级结构是由其一级结构决定的。蛋白质高级结构也即蛋白质空间结构。

(2)蛋白质一级结构决定其高级结构的另一个证据是有活性牛胰岛素的人工合成。1965 年我国科学家在世界上首次人工合成了具有生物活性的蛋白质——牛胰岛素。当牛胰岛素的一级结构被合成后，多肽链便自行折叠盘曲，形成具有特定空间结构和生物活性的胰岛素分子。肽链通过正确的折叠形成特定的空间结构是其发挥生物学功能的关键。

上述两个实验以及随后的许多实验研究都证明，蛋白质一级结构能决定其高级结构的形成。

4. 在直流电场中，带电粒子向着与其所带电荷相反的电极方向移动的现象称为电泳。电泳速率一般用迁移率来表示，迁移率(U)是指带电粒子在单位电场强度下的移动速率，即 $U=v/E$。

迁移率的大小与蛋白质相对分子量的大小、形状和所带净电荷量有关。净电荷数量越大，迁移率越大；相对分子量越大，迁移率越小；球状分子的迁移率大于纤维状分子的迁移率。在一定的电泳条件下，由于其净电荷量、分子大小、形状的不同，一般不同的蛋白质分子有不同的迁移率。

5. 不同的蛋白质具有不同的理化性质，据此，可以将不同的蛋白质分子彼此分离并纯化。其主要方法有沉淀、离心、超滤、电泳及各种层析技术等。在具体操作中，可以根据实验目的、要求及客观条件，对不同的蛋白质分子，采取与之相对应的方法将蛋白质混合物分离，一般步骤与方法如下。

①选材：选择适当的生物材料，要求需分离蛋白质含量丰富，易于处理和提取。

②生物材料的破碎和预处理：常用的方法有组织匀浆法、研磨、反复冻融、溶菌酶处理等。

③粗分离：将绝大多数杂质去掉的过程。常用方法多为盐析、有机溶剂沉淀、离心、过滤等。

④纯化：将粗提物中的杂质进一步去除的过程。常用的方法为各种层析技术。

⑤纯化蛋白质的浓缩、干燥和保存。

⑥鉴定：蛋白质均一性(纯度)的鉴定，要达到一维电泳一条带、二维电泳一个点、层析(如HPLC)是一个峰的要求。另外，还有理化性质与生物活性鉴定。应注意的是，在分离纯化目的蛋白的过程中，还应对产率、纯度及比活等内容进行鉴定。

6. SDS 的中文全称是十二烷基硫酸钠。

SDS 的作用为 SDS 可与蛋白质大量结合，并带来两个后果：①由于 SDS 是阴离子，它能使不同的亚基或单体蛋白质都带上大量的负电荷，掩盖了它们自身所带电荷的差异；②它们的形状都变成杆状。这样，它们的电泳速率只取决于其相对分子质量的大小了。

原理为 PAGE 是指聚丙烯酰胺凝胶电泳，蛋白质在其中的电泳速率决定于蛋白质分子的大小、形状和所带净电荷数量。蛋白质经 SDS 处理后再进行 PAGE，此时蛋白质的电泳速率只与蛋白质相对分子质量的大小有关。蛋白质分子在 SDS-PAGE 凝胶中的移动距离与指示剂移动距离的比值被称为相对迁移率。相对迁移率与蛋白质相对分子质量的对数呈线性关系。将含有几种已知相对分子质量的标准蛋白质混合溶液以及待测蛋白质溶液分别点在不同的点样孔中，进行 SDS-PAGE；然后，以标准蛋白质相对分子质量的对数为纵坐标，以相对应的相对迁移率为横坐标，绘制标准曲线；再根据待测蛋白的相对迁移率，即可计算出待测蛋白质的相对分子质量。

第四章 酶

一、名词解释

1. 酶	2. 结合酶	3. 辅酶与辅基
4. 维生素	5. 单体酶	6. 寡聚酶
7. 多酶复合体	8. 酶活性中心	9. 酶的必需基团
10. 邻近效应	11. 酸碱催化	12. 酶活力单位
13. 酶活力国际单位 IU	14. 酶的比活力	15. 米氏常数
16. 不可逆抑制作用	17. 可逆抑制作用	18. 酶原
19. 酶原激活	20. 变构酶	21. 共价修饰酶
22. 同工酶	23. 核酶	24. 脱氧核酶
25. 抗体酶		

二、填空题

1. 根据国际系统分类法，所有的酶按所催化的化学反应的性质可分为 7 类：________、________、________、________、________、________和________。

2. 酶对底物和反应类型的选择性，称为酶的________，可分为________、________和________3 种类型。

3. 测定血清淀粉酶活性可作为临床诊断________的依据，测定血清转氨酶活性可作为诊断急性________的依据，而测定尿酸氧化酶活性可作为诊断________的依据。

4. 单纯酶是指只含有________，水解后的产物只有________的酶类。

5. 结合蛋白酶类必须由________和________相结合才具有活性，前者的作用是________，后者的作用是________。

6. 根据维生素的溶解性不同，维生素可分为两类，即________和________。

7. 维生素 B_1 主要功能是以________形式，作为________的辅酶，参与糖代谢。

8. 维生素 B_2 的辅酶形式有两种，即________和________，在氧化还原反应中起________的作用。

9. CoA 由________、________、________和________共同组

成，作为各种____________的辅酶，传递____________。

10. 维生素 B_3 是____________衍生物，其辅酶形式是____________与____________，作为____________酶的辅酶，起传递____________作用。

11. 转氨酶的辅助因子为____________，该成分也是____________的辅酶。

12. 维生素 B_7 是由____________和____________构成的骈环，构成____________辅基，起固定____________的作用。

13. 在生物体内____________是叶酸活性形式，它是____________转移酶类的辅酶。

14. 酶的活性中心包括____________和____________两个功能部位。其中前者负责____________，决定酶的专一性；后者的作用是____________，决定催化反应的性质。

15. *L*-精氨酸只能催化 *L*-精氨酸的水解反应，对 *D*-精氨酸则无作用，这是因为该酶具有____________专一性。

16. 与酶催化的高效率有关的因素有____________、____________、____________、____________和____________等。

17. 国际上通用的酶活力单位有两种，分别为____________和____________。

18. K_m 是酶的特征性常数之一，其大小只与酶的____________、____________和____________有关，而与酶的____________无关。

19. 温度对酶活力的影响有两方面：一方面____________；另一方面____________。

20. pH 影响酶活力的原因可能有以下几方面：____________，____________和____________。

21. 动物体内各种酶的最适温度一般为____________，植物内各种酶的最适温度一般为____________。

22. 酶促动力学的双倒数作图，得到的直线在横轴的截距为____________，纵轴上的截距为____________。

23. 如果一个酶对 A、B、C 三种底物的米氏常数分别为 K_mA、K_mB 和 K_mC，且 K_mA>K_mB>K_mC，则此酶的最适底物就是____________，与酶亲和力最小的底物是____________。

24. 能催化多种底物进行化学反应的酶有____________个 K_m 值，该酶最适底物的 K_m____________。

25. 磺胺类药物可以抑制____________酶，丙二酸和戊二酸都是琥珀酸脱氢酶的____________抑制剂。

26. 在酶促反应中，亲核基团是电子对的____________，亲电基团是电子对的____________；酸性基团是____________供体，碱性基团是____________受体。

27. 哺乳动物乳酸脱氢酶有____________种同工酶，由____________种亚基组成，每分子含有____________个亚基。

28. 大肠埃希菌 RNaseP 由____________和____________两种成分组成，其中具有催化功能的是____________。

29. 核酶的催化特点有____________、____________、____________和____________。

30. 在机体内，常见的酶活性的调节方式有____________、____________和____________。

三、单项选择题

1. 下列关于酶的叙述，错误的是（　　）。
A. 能够降低反应活化能，但不能改变平衡点
B. 催化反应前后没有质和量的变化
C. 催化反应过程中，酶能够和底物结合形成中间复合物
D. 酶是由生物体活细胞产生的，在体外不具有活性
2. 蛋白酶是一种（　　）。
A. 水解酶　　B. 合成酶　　C. 裂解酶　　D. 酶的蛋白质部分
3. 下列不属于仅含有蛋白质成分的单纯酶的是（　　）。
A. 脲酶　　B. 蛋白酶　　C. 核糖核酸酶　　D. 苹果酸脱氢酶
4. 金属离子的作用不包括（　　）。
A. 传递氢和某些化学基团　　B. 维持酶的特定构象所必需
C. 在酶与底物反应中起桥梁作用　　D. 作为酶活性中心的组成部分
5. 构成 α-酮酸脱羧酶的辅酶是（　　）。
A. CoA　　B. FAD　　C. TPP　　D. FH_4
6. 下列叙述正确的是（　　）。
A. 所有的辅酶都包含维生素组分
B. 所有的维生素都可以作为辅酶或辅酶的组分
C. 所有的 B 族维生素都可以作为辅酶或辅酶的组分
D. 只有 B 族维生素可以作为辅酶或辅酶的组分
7. 在下列化合物中，哪种不含有环状结构？（　　）
A. 烟酸　　B. 四氢叶酸　　C. 泛酸　　D. 生物素
8. 关于维生素 B_{12}，下列叙述不正确的是（　　）。
A. 唯一含金属元素的维生素
B. 脱氢酶的辅酶
C. 有多种辅酶形式
D. 其中甲基钴胺素是变位酶的辅酶
9. 关于维生素 C，下列叙述不正确的是（　　）。
A. 既有酸性又有很强的还原性
B. 保护巯基，使巯基酶的—SH 处于还原态
C. 脯氨酸羟化酶的辅酶，促进胶原蛋白的合成
D. 多种脱氢酶的辅酶
10. 在下列化合物中，哪些不含有腺苷酸组分？（　　）
A. CoA　　B. FMN　　C. FAD　　D. NAD^+
11. 酶的活性中心是指（　　）。
A. 酶分子上含有必需基团的肽段　　B. 酶分子与底物结合的部位
C. 酶分子与辅酶结合的部位　　D. 酶分子发挥催化作用的关键性结构区

12. 测定酶活力的常用方法不包括(　　)。

A. 分光光度法　B. 荧光法　C. 同位素测定法　D. 离心法

13. 公认的酶与底物结合的学说是(　　)。

A. 活性中心说　B. 诱导契合学说　C. 锁匙学说　D. 中间产物学说

14. 胰蛋白酶原经胰蛋白酶作用后切下六肽,使其形成有活性的酶,这一步骤是(　　)。

A. 异促效应　B. 酶原激活　C. 诱导契合　D. 正反馈调节

15. 唾液淀粉酶经透析后,水解淀粉能力显著降低,其主要原因是(　　)。

A. 酶蛋白变性　B. 失去 Cl^-　C. 酶含量减少　D. 酶蛋白减少

16. 胰凝乳蛋白酶的活性中心主要含有(　　)氨基酸残基,三者构成一个氢键体系。

A. Cys_{195}、His_{57}和 Val_{102}　B. Cys_{195}、His_{57}和 Asp_{102}

C. Ser_{195}、His_{57}和 Val_{102}　D. Ser_{195}、His_{57}和 Asp_{102}

17. 在双倒数作图法中,K_m为(　　)。

A. 斜率　B. 横轴截距倒数的绝对值

C. 横轴截距　D. 纵轴截距

18. 已知某种酶 K_m值为 0.05 mol/L,要使该酶促反应速率是最大反应速率的 80%,底物浓度应是(　　)。

A. 0.012 5 mol/L　B. 0.05 mol/L　C. 0.8 mol/L　D. 0.2 mol/L

19. 某一符合米曼氏方程的酶,当[S]=$2K_m$时,其反应速率 V 等于(　　)。

A. V_{max}　B. $2/3V_{max}$　C. $3/2V_{max}$　D. $1/2V_{max}$

20. 某酶有 4 种底物,其 K_m值如下,该酶的最适底物为(　　)。

A. S1 的 $K_m=5\times10^{-5}$　B. S2 的 $K_m=1\times10^{-5}$

C. S3 的 $K_m=10\times10^{-5}$　D. S4 的 $K_m=0.1\times10^{-5}$

21. 酶的非竞争性抑制的动力学特点是(　　)。

A. K_m值增大,V_{max}不变　B. K_m值与 V_{max}值均增大

C. K_m值不变,V_{max}减小　D. K_m值与 V_{max}均减小

22. 可用增加[S]的方法减轻抑制程度的是(　　)。

A. 不可逆抑制作用　B. 竞争性可逆抑制作用

C. 非竞争性可逆抑制作用　D. 反竞争性可逆抑制作用

23. 酶的竞争性可逆抑制剂可以使(　　)。

A. V_{max}减小,K_m减小　B. V_{max}增加,K_m增加

C. V_{max}不变,K_m增加　D. V_{max}不变,K_m减小

24. 酶的磷酸化和去磷酸化位点通常在酶的哪一种氨基酸残基上?(　　)

A. 天冬氨酸　B. 脯氨酸　C. 赖氨酸　D. 丝氨酸

25. 在生理条件下,下列哪种基团既可以作为 H^+ 的受体,也可以作为 H^+ 的供体?(　　)。

A. His 的咪唑基　B. Lys 的 ε 氨基　C. Arg 的胍基　D. Cys 的巯基

26. 下列关于 K_m的叙述,错误的是(　　)。

A. K_m值越小,酶与底物的亲和力越大

B. K_m值大小与酶所催化的底物种类有关

C. K_m值大小与酶的浓度有关

D. 对于同一底物，不同的酶有不同的 K_m 值

27. 在下列常见酶的抑制剂中，哪种是酶的可逆抑制剂？（　　）

A. 有机磷化合物　　B. 有机汞化合物

C. 硫代乙酸　　D. 磺胺类药物

28. 酶原激活的意义不包括下列哪一条？（　　）

A. 可以避免细胞内产生的酶对细胞进行自身消化

B. 使酶在到达特定的部位和环境后发挥作用

C. 保证体内代谢的正常进行

D. 提高酶的催化能力

29. 变构酶的特点不包括（　　）。

A. 变构酶往往是具有四级结构的多亚基寡聚酶

B. 底物浓度与酶促反应速率曲线呈现 S 形

C. 变构酶的动力学方程不符合米氏方程

D. 底物浓度与酶促反应速率曲线呈现双曲线形

30. 一个将抗体酶应用于临床的长远目标是（　　）。

A. 获得抗肿瘤或细菌的抗体酶　　B. 获得抗正常细胞的抗体酶

C. 获得抗肿瘤或细菌的核酸酶　　D. 获得相应的 DNA 酶

四、判断并改错

（　　）1. 酶的化学本质不仅是蛋白质，而且有些 RNA 具有催化活性。

（　　）2. 对于可逆反应而言，酶可以改变正反应速率，不可改变逆反应速率。

（　　）3. B 族维生素具有相似的结构和生理功能，所以在体内均能构成酶的辅酶。

（　　）4. 在测定酶活力时，测定单位时间产物生成量比测定单位时间底物消耗量更为准确。

（　　）5. 在测定酶活力时，底物浓度只需要大于酶浓度。

（　　）6. 酶促反应的初速率与底物浓度无关。

（　　）7. 由 1 g 粗酶制剂经纯化后得到 10 mg 电泳纯的酶制剂，那么酶的比活力较原来提高了 100 倍。

（　　）8. 酶的最适 pH 是一个常数，每一种酶只有一个确定的最适 pH。

（　　）9. 在酶促反应中，当[ES]复合物的量增加时，酶促反应速率也增加。

（　　）10. 当[S]＝K_m时，V 趋向于 V_{max}，此时可以通过增加酶的浓度来增加 V。

（　　）11. K_m是酶的特征常数，只与酶的性质有关，与酶的底物无关。

（　　）12. 当底物浓度极低时，酶促反应速率与底物浓度成正比。

（　　）13. 如果加入足够的底物，即使存在非竞争抑制剂，酶促反应也能达到正常的 V_{max}。

（　　）14. 酶促反应的 V_{max}也是酶的特征性物理常数。

（　　）15. 碘乙酸可与酶活性中心的—SH 共价结合，所以能抑制巯基酶活性。

（　　）16. 增加不可逆抑制剂的浓度，也不能实现酶活性的完全抑制。

（　　）17. 可逆抑制剂以共价键与酶的活性中心结合。

(　　)18. 酶原的激活过程实际就是酶活性中心形成或暴露的过程。

(　　)19. 变构酶的活性往往受到底物浓度和终产物浓度的调节。

(　　)20. 体内最常见的共价修饰方式是酶的磷酸化和去磷酸化。

五、简答题

1. 什么是酶？酶促反应有何特点？
2. 什么是酶活力单位？举例说明为什么一般不用质量单位表示酶量？
3. 简述影响酶促反应速率的各种因素。
4. 简述酶的高效性的机理。
5. 有机磷农药为何能杀死害虫？
6. 简述抑制剂对酶活性的抑制作用与酶变性的不同点。
7. 简述测定酶活力时，通过增加反应时间能否提高酶活性，并说明判断的原因。
8. 简述切赫(T. Cech)及阿尔特曼(S. Altman)是如何发现具有催化活性的 RNA 的？

六、计算与论述题

1. 怎样证明酶是蛋白质？
2. 试比较酶的竞争性抑制作用抑制剂与非竞争性抑制作用抑制剂的异同。
3. 在很多酶活性中心均有 His 残基参与，请解释。
4. 称取 25 mg 酶制品配成 20 mL 溶液，取 2 mL 溶液测得含蛋白氮 0.2 mg，另取 0.1 mL 溶液测酶活力，结果每小时可以水解酪蛋白产生 1 500 μg 酪氨酸，假定 1 个酶活力单位定义为每分钟产生 1 μg 酪氨酸的酶量，请计算酶制品的蛋白含量及比活力。
5. 使用下表数据，作图判断抑制剂类型(竞争性，还是非竞争性可逆抑制剂)。

底物浓度 [S]/(mmol/L)	每小时生成产物的量 /(μmol，无抑制剂)	每小时生成产物的量 /(μmol，有抑制剂)
2.0	13.9	8.8
3.0	17.9	12.1
4.0	21.3	14.9
10.0	31.3	25.7
15.0	37.0	31.3

6. 对活细胞的实验测定表明，酶的底物浓度通常就在这种底物的 K_m 值附近，请解释其生理意义。为什么底物浓度不是大大高于 K_m 或大大低于 K_m 呢？

7. 举例说明竞争性抑制作用抑制剂的特点及实际意义。有时变构酶活性可以被低浓度的竞争性抑制剂激活，请解释。

8. 在一个符合米氏方程的酶促反应体系中，已知：在无抑制剂时，双倒数图中横轴的截距是 −2 L/mmol，纵轴的截距是 2 min · L/mmol，当加入可逆抑制剂后，横轴的截距没有变，而纵轴的截距是 3 min · L/mmol,问：

(1)上述双倒数示意图怎么表示?

(2)当无抑制剂时,反应最大速率和米氏常数各是多少?

(3)当有抑制剂时,反应最大速率和米氏常数又分别是多少?

(4)该抑制剂是何种类型?

参考答案

一、名词解释

1. 酶也称为生物催化剂，是由生物活细胞产生的能在体内或体外起催化作用的生物大分子。多数酶的化学本质是蛋白质，少数是核酸(RNA 或 DNA)分子。

2. 除蛋白质部分，酶分子还含有对热稳定的非蛋白质的有机小分子或金属离子，这类酶被统称为结合酶，也称为全酶。

3. 根据辅助因子与酶蛋白结合的牢固程度不同，其可分为辅酶与辅基。辅酶是指以非共价键与酶蛋白结合的小分子有机物质，通过透析或超滤等物理方法可以除去；辅基与酶蛋白结合牢固，不能通过透析或超滤的方法除去。

4. 维生素是维持机体正常生命活动及生理功能所不可缺少的，必须从食物中获取的一类小分子有机化合物。其主要作用是调节机体的新陈代谢、维持机体正常的生理功能。

5. 单体酶只有一条多肽链，相对分子质量一般为 13 000～35 000，如核糖核酸酶、胰蛋白酶和羧肽酶等。

6. 寡聚酶由几个甚至几十个亚基组成，相对分子质量为 35 000 至几百万，如乳酸脱氢酶、丙酮酸激酶和醛缩酶等，这类酶多属于调节酶类。

7. 多酶复合体是指由几个功能相关的酶彼此嵌合而形成的复合体，相对分子质量一般为几百万以上。其作用是保证反应速率和反应方向。

8. 酶活性中心是指酶分子中直接与底物结合，并和酶催化作用有关的部位，活性中心也被称为活性部位。

9. 与酶活性密切相关的基团称为酶的必需基团。必需基团包括与酶活性中心有关的氨基酸残基和维持酶分子空间构象所必需的氨基酸残基。多数必需基团位于酶的活性中心，少数位于活性中心以外。

10. 邻近效应是指由于酶与底物的亲和能力较强，所以当酶存在时，底物可集中到酶分子表面，底物分子的局部浓度得到提高，反应基团互相靠近，使得结合在酶分子表面的底物有充分的时间进行反应，从而提高了反应速率。

11. 在化学反应中，通过瞬时反应向反应物提供质子或从反应物接受质子以稳定过渡态，加速反应进行的机制，叫作酸碱催化。

12. 酶活力单位是指在特定的条件下，酶促反应在单位时间内生成一定量的产物或消耗一定量的底物所需的酶量。酶活性的大小可用酶活力单位来表示。

13. 酶活力国际单位 IU 是表示酶活力单位的一种方法，1 个酶活力国际单位(IU)是指在 25℃，最适底物浓度、最适缓冲液的离子浓度以及最适 pH 等条件下，每分钟催化减少 1 μmol/L 底物或生成 1 μmol/L 产物所需的酶量。

14. 酶的比活力也称为比活性，是指每毫克酶蛋白所具有的活力单位数。

15. 米氏常数用 K_m 值表示，K_m 值等于酶反应速率(v)达到最大反应速率(V_{max})一半时底物的浓度(单位 mol/L 或 mmol/L)。米氏常数是酶的特征常数之一，只与酶的性质有关，不受底物浓度和酶浓度的影响。

16. 抑制剂以共价键与酶的必需基团结合，不能用超滤、透析等物理方法解除抑制，这类抑制剂称为不可逆抑制剂，这种抑制作用称为不可逆抑制作用。

17. 抑制剂以非共价键与酶结合，用超滤、透析等物理方法能够解除抑制，这类抑制剂称为可逆抑制剂，这种抑制作用称为可逆抑制作用。

18. 在生物体内，当有些酶最初以无活性的形式合成或分泌时，其无催化活性，须经适当的改变才能变成有活性的酶，这类酶的无活性前体被称为酶原。

19. 无活性的酶原转变成有活性的酶的过程称为酶原激活。

20. 变构酶是一类重要的调节酶，其分子中除了含有结合部位和催化部位，还有调节部位（变构部位），调节部位可与调节物结合，改变酶分子的构象，并引起酶催化活性的改变。

21. 有些酶分子上的某些氨基酸残基能够与某些基团发生可逆的共价结合，从而引起酶活性的改变，这种调节称为共价修饰调节，这类酶称为共价修饰酶。共价修饰是体内调节酶活性的重要方式之一。

22. 同工酶是指催化相同的化学反应，但酶蛋白的分子结构、理化性质和免疫学性质不同的一组酶。

23. 核酶是指具有催化功能的 RNA 分子，又称酶 RNA。其主要特点是底物单一，催化效率低。

24. 脱氧核酶是指利用体外分子生物学技术合成的一种具有催化功能的单链 DNA 片段，具有高效的催化活性和结构识别能力。

25. 抗体酶是指具有催化功能的抗体，它同时具备抗体和酶的特征，可催化多种化学反应，如酰基转移、酯水解、酰胺水解、重排反应、光诱导反应、氧化还原分应和金属螯合反应等。

二、填空题

1. 氧化还原酶类　转移酶类　水解酶类　裂解酶类　异构酶类　合成酶类　转位酶类

2. 专一性　绝对专一性　相对专一性　立体异构专一性

3. 胰腺炎　肝炎或心肌炎　痛风病

4. 蛋白质　氨基酸

5. 酶蛋白　辅助因子　决定酶促反应的专一性（特异性）　传递电子、原子或化学基团

6. 水溶性维生素　脂溶性维生素

7. TPP　α-酮酸氧化脱羧酶

8. FAD　FMN　传递氢

9. 维生素 B_3　巯基乙胺　焦磷酸　3′-AMP　酰基转移酶　酰基

10. 吡啶　NAD^+　$NADP^+$　脱氢　氢

11. 磷酸吡哆醛　氨基酸脱羧酶

12. 尿素　带戊酸侧链的噻吩　羧化酶　CO_2

13. FH_4　一碳单位

14. 结合部位　催化部位　与底物结合　催化反应发生

15. 立体异构

16. 邻近效应和定向效应　底物分子的变形与电子张力　酸碱催化　共价催化　活性中心低介电区域

17. 国际单位　Kat 单位

18. 结构　底物　环境　浓度
19. 温度升高可使反应速率加快　温度太高会使酶蛋白变性而失活
20. 影响酶分子结构的稳定性　影响酶分子的解离状态　影响底物的解离状态
21. 35～40℃　40～50℃
22. $-1/K_m$　$1/V_{max}$
23. C　A
24. 多　最小
25. 二氢叶酸合成酶　竞争性
26. 供体　受体　H^+　H^+
27. 5　2　4
28. 蛋白质　RNA　RNA
29. 底物种类少　催化反应类型简单　催化效率低　具有多种活性
30. 变构调节　共价修饰调节　反馈抑制调节

三、单项选择题

1. D　2. A　3. D　4. A　5. C　6. C　7. C　8. B　9. D　10. B　11. D
12. D　13. B　14. B　15. B　16. D　17. B　18. D　19. B　20. D
21. C　22. B　23. C　24. D　25. A　26. C　27. D　28. D　29. D　30. A

四、判断并改错

1. √。

2. ×，对于可逆反应而言，酶既可以改变正反应速率，也可以改变逆反应速率，但不改变化学反应的平衡点。

3. ×，B族维生素的结构和生理功能不同。

4. √，产物从无到有，变化明显更易测准确。

5. ×，底物应该过量才能更准确地测定酶的活力。

6. ×，当其他反应条件满足时，酶促反应的初速率与底物浓度成正比。

7. ×，由于不知道纯化前后的比活力分别是多少，因此无法计算比活力的提高倍数。

8. ×，酶的最适 pH 因底物种类、浓度及缓冲液成分不同而不同，并不是一个常数。

9. √。

10. √。

11. ×，同一种酶有几种底物就有几种 K_m 值，其中 K_m 值最小的底物一般称为酶的最适底物。

12. √。

13. ×，非竞争性抑制剂只和酶与底物反应的中间产物结合，酶促反应的 V_{max} 是减小的。

14. ×，V_{max} 与底物浓度和酶浓度都有关系，不是酶的特征性常数。

15. √。

16. ×，不可逆抑制剂通常以比较牢固的共价键与酶结合，增加了浓度，以实现酶活性的完全抑制。

17. ×，可逆抑制剂以非共价键与酶结合。

18. √。

19.√。

20.√。

五、简答题

1.酶也称为生物催化剂，是由生物活细胞产生的能在体内或体外起催化作用的生物大分子。多数酶的化学本质是蛋白质；少数是核酸（RNA 或 DNA）分子。

酶促反应的特点：①具有极高的催化效率；②具有高度的专一性；③催化条件温和；④具有不稳定性，许多物理或化学因素都会引起酶活性的降低或丧失；⑤酶的催化活性和酶含量受多种因素的调控。

2.按照酶学专门委员会规定，一个酶活力单位是指在最适条件下（25℃、最适 pH、充足底物），每分钟能催化 1 μmol 底物所需的酶量。

催化活性是酶的一个独特属性。酶蛋白质量再多，纯度再高，如果没有活性，则是毫无意义的。因此，在表示酶量时，一般不用质量单位表示，而是用“活力单位（U）”表示。比如，一种酶制品在最适条件下，每分钟催化 1 μmol 底物所需的酶量是 0.5 μg，那么 5 μg 酶制剂则含有 10 U。用“10 U”比用 5 μg 酶更能反映酶量。

3.影响酶促反应速率的因素主要包括酶浓度、底物浓度、pH、温度、抑制剂和激活剂等。

①酶浓度：在一定条件下，随着酶浓度的增加，酶促反应速率与其成正比增加。②底物浓度：当底物浓度很低时，两者呈正比关系，表现为一级反应；当底物浓度较高时，随底物浓度的增加而反应速率缓慢升高，表现为混合级反应；当底物浓度达到一定极限时，反应速率达到最大值，表现为零级反应。③温度：在低温范围，随温度的升高反应速率加快；当温度达到某一特定温度时，酶活性最强，酶促反应速率最大；在高温范围内，随着温度的升高，酶促反应速率反而降低。④pH：在低于最适 pH 的范围内，随着 pH 的升高，反应速率增大；在高于最适 pH 的范围内，随着 pH 的升高，反应速率会降低。⑤抑制剂：抑制剂可使酶活力降低或完全丧失，抑制作用可分为不可逆抑制和可逆抑制两类。⑥激活剂：酶能由无活性变为有活性或使酶活性提高。

4.酶的高效性的机理：①邻近效应和定向效应，即底物的反应基团与酶活性部位的邻近，也包括双底物反应中酶活性部位上两底物分子间的邻近，且互相靠近的底物分子之间、底物分子与酶活性中心的基团之间的严格定向，即形成正确的立体化学排布，使反应速率加快。②底物分子的变形与电子张力，即当酶遇到它的专一性底物时，许多活性部位并不直接与底物契合，而是发生扭曲变形，发生构象变化后与底物结合，从而有利于催化反应的进行。酶分子中的某些基团或离子可以使底物分子中某些基团的电子云密度增加或降低，产生“电子张力”，使已有的键变弱，甚至导致底物发生形变，易于形成酶-底物的中间复合物。③酸碱催化，即在化学反应中，通过瞬时反应向反应物提供质子或从反应物接受质子以稳定过渡态，加速反应进行的机制。酶促反应一般发生在近中性条件下酶活性中心的咪唑基、羧基、氨基、巯基都可作为质子供体或受体参与酸碱催化作用，其中咪唑基最活泼有效。④共价催化，即某些酶能与底物形成反应活性很高的不稳定的共价中间物，降低反应的活化能，从而加快反应速率的催化方式。共价催化是酶分子中的亲核基团或亲电子基团对底物的缺电子中心或负电中心作用的结果。在酶催化反应时，同一酶分子常常既可起亲核催化的作用，又可起亲电子催化的作用，从而大大提高了反应效率。⑤活性中心微环境的影响，即有些酶的活性中心多为“疏水口袋”，介电常数较低，有利于电荷之间的相互作用，将活性中心的水分子排挤出去，从而降低水分子的介入和干扰,有利于反应物和酶分子之间的直接密切接触,同时消除了周围大量水分子(水是极性分子)对底物和酶的功能基团的干扰性吸引或排斥,导致酶活性基团对反应物的催化反应更为激烈。

5. 有机磷农药能与乙酰胆碱酯酶的酶蛋白活性中心的丝氨酸羟基结合,从而使酶活性受到抑制,不能水解乙酰胆碱,造成乙酰胆碱在神经末梢积累,导致昆虫由中毒而死亡。

6. ①抑制剂对酶有一定的选择性,一种抑制剂只能引起某一类或某几类酶的抑制;使酶变性失活的因素,如强酸、强碱等,对酶没有选择性。②抑制剂虽然可使酶失活,但并不明显改变酶的结构,不引起酶蛋白变性,去除抑制剂后,酶又可恢复活性;变性因素常破坏酶分子的非共价键,部分或全部地改变酶的空间结构,从而导致酶活性的降低或丧失。

7. 酶活力是指酶催化化学反应的能力。酶活力的大小可用在一定的条件下酶催化某一化学反应的反应速率来表示。对于特定的酶来说,它的活力也是一定的,所以通过提高反应时间并不能提高酶活力。

8. ①1982 年,美国的 T. Cech 发现原生动物四膜虫的 26S rRNA 前体能够在完全没有蛋白质的情况下,自我加工、拼接,得到成熟的 rRNA。②1983 年,S. Altman 等将 RNase P 的蛋白质与 RNA 分离,分别测定,发现蛋白质部分没有催化活性,而 RNA 部分具有与全酶相同的催化活性。

六、计算与论述题

1. ①酶能被酸、碱及蛋白酶水解,水解的最终产物都是氨基酸;②酶具有蛋白质所具有的颜色反应,如双缩脲反应;③一切能使蛋白质变性的因素同样可以使酶变性失活;④酶同样具有蛋白质所具有的大分子性质,如不能通过半透膜、可以电泳等;⑤酶同其他蛋白质一样是两性电解质,并有一定的等电点。

2. 两者的共同点:竞争性抑制作用与非竞争性抑制作用均属于可逆抑制作用。其抑制剂均以非共价键与酶结合,可用超滤、透析等物理方法解除抑制。抑制强度的大小取决于抑制剂与酶的相对亲和力以及抑制剂与底物浓度的相对比例。

两者的区别:①竞争性抑制作用的抑制剂结构与底物类似(但也有不类似的),增加底物浓度可解除抑制;动力学结果是使 K_m 升高,V_{max} 不变。②非竞争性抑制作用的抑制剂的结构与底物无关,增加底物浓度不能解除抑制;动力学结果是使 V_{max} 减小,K_m 值不变。

3. 酶蛋白分子中组氨酸的侧链咪唑基 pK 值为 6.0～7.0,在生理条件下,一半解离,一半不解离,因此既可以作为质子供体(不解离部分),又可以作为质子受体(解离部分),既是酸,又是碱,可以作为广义酸碱共同催化反应,因此常参与构成酶的活性中心。

4. 酶制品蛋白含量:$0.2\times6.25\times20/2=12.5$ mg。

比活力:$1\,500\div60\times20\div0.1\div25=200$ μg/mg$=200$ U。

5. 作 $1/V$-$1/[S]$ 图可知,其是竞争性可逆抑制剂。

6. 据 V-$[S]$ 的米氏曲线可知,当底物浓度大大低于 K_m 值时,酶不能被底物饱和,从酶的利用角度而言,很不经济;当底物浓度大大高于 K_m 值时,酶趋于被饱和,随底物浓度改变,反应速率变化不大,不利于反应速率的调节;当底物浓度在 K_m 值附近时,反应速率对底物浓度的变化较为敏感,有利于反应速率的调节。

7. 竞争性抑制作用抑制剂的特点:①抑制剂以非共价键与酶结合,用超滤、透析等物理方法能够解除抑制;②抑制剂的结构与底物结构相似,可与底物竞争酶活性中心;③抑制剂使反应速率降低，K_m值增大，但对V_{max}并无影响；④增加底物浓度可降低或解除对酶的抑制作用。

竞争性抑制作用抑制剂的原理可用来阐明某些药物的作用原理和指导新药合成。例如，某些细菌以对氨基苯甲酸、二氢蝶呤及谷氨酸为原料合成二氢叶酸，并进一步生成四氢叶酸，四氢叶酸是细菌核酸合成的辅酶。磺胺药物与对氨基苯甲酸结构相似，是细菌二氢叶酸合成酶的竞争性抑制剂。它通过降低菌体内四氢叶酸的合成能力，阻碍核酸的生物合成，抑制细菌的繁殖，达到抑菌的作用。

8.(1)双倒数示意图

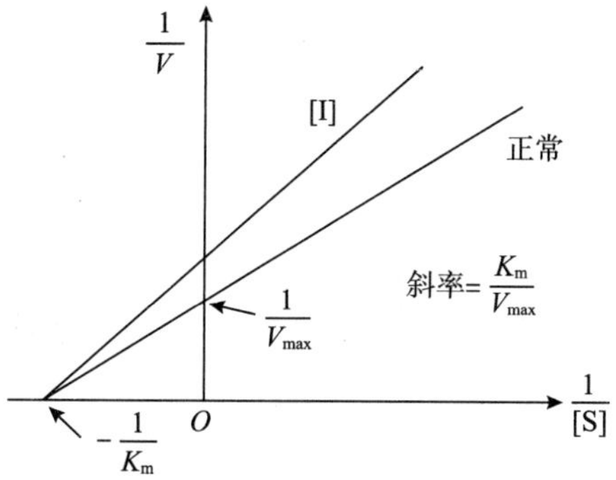

(2)$V_{max}=1/2[mmol/(L\cdot min)]$　　$K_m=1/2(mol/L)$

(3)$V_{max}=1/3[mmol/(L\cdot min)]$　　$K_m=1/2(mol/L)$

(4)属于非竞争性抑制作用抑制剂。

第五章　生物膜与跨膜转运

一、名词解释

1. 相变　　2. 简单扩散　　3. 促进扩散
4. 主动运输　　5. 协同运输　　6. 内吞作用
7. 吞噬作用　　8. 胞饮作用　　9. 外排作用

二、填空题

1. 组成生物膜的化学成分主要有________、________和________三大类。

2. 膜脂主要有以下三大类：________、________和________。

3. 生物膜蛋白主要分为________、________和________三大类。

4. 人的血型是 A 型、B 型、AB 型，还是 O 型，是由________或________决定的。

5. 1972 年，S. J. Singer 和 G. Nicolson 提出了生物膜的流体镶嵌模型，该模型突出了生物膜的________性和膜蛋白分布的________性。

6. 小分子与离子的跨膜转运方式有________、________和________。

7. 膜脂的流动是造成膜流动的主要因素，膜脂的运动方式主要有 3 种：________、________和________。

8. 膜转运蛋白可分为两类：________和________。

9. 根据主动运输过程所需能量来源的不同可归纳为________和________两种基本类型。

10. 大分子物质的跨膜转运方式主要有________和________两大类。

三、单项选择题

1. 在下列各项中，哪一项不属于生物膜的功能？（　　）
A. 主动运输　　B. 被动运输　　C. 能量转化　　D. 生物遗传

2. 在生理条件下，膜脂主要处于什么状态？（　　）
A. 液态　　B. 固态　　C. 液晶态　　D. 凝胶态

3. 生物膜的功能主要取决于(　　)。

A. 膜蛋白　　B. 膜脂　　C. 糖类　　D. 膜的结合水

4. 人们所说的"泵"是指(　　)。

A. 载体　　B. 膜脂　　C. 主动运输的载体　　D. 膜上的受体

5. 生物膜上的 Na^+-K^+泵(　　)。

A. 是一种 ATP 合成酶　　B. 可以对跨膜被动运输提供方便

C. 可以同向运输 Na^+ 和 K^+　　D. 是一种 ATPase

四、判断并改错

(　　)1. 构成生物膜的脂类分子以糖脂为主体。

(　　)2. 生物膜中的糖类分子可自由存在。

(　　)3. 胆固醇在调节膜的流动性,增加膜的稳定性以及降低膜对水溶性物质的通透性等方面都起着重要的作用。

(　　)4. ABO 血型决定子,即 ABO 血型抗原,它是一种糖脂,其寡糖部分具有决定抗原特异性的作用。A 型血的人的红细胞膜脂寡糖链的末端是 *N*-乙酰半乳糖胺,B 型血的人的红细胞膜脂寡糖链的末端是半乳糖,O 型血的人的红细胞则没有这两种糖基,而 AB 型血的人的红细胞则在末端同时具有这两种糖基。

(　　)5. 生物膜在生理条件下呈现凝胶态。

(　　)6. 生物膜具有不对称性是指蛋白质在脂双层中有特异定位。

(　　)7. 动物细胞常常利用膜两侧的 H^+ 浓度梯度来驱动;植物细胞和细菌常利用 Na^+ 浓度梯度来驱动。

(　　)8. 跨膜主动运输不能自发进行。

五、简答题

1. 简述被广泛接受的生物膜结构模型——流体镶嵌模型的要点。
2. 简述膜流动性的生理意义。
3. 简述主动运输的特点。
4. 简述物质跨膜转运的方式。

六、论述题

1. 论述生物膜的不对称性主要体现在哪些方面?
2. 论述主动运输的意义。
3. 什么是 Na^+-K^+泵? 讨论其作用方式和生物学意义。

参考答案

一、名词解释

1.在不同温度下发生的膜脂状态的改变称为相变。

2.分子或离子以自由扩散的方式由浓度高的膜一侧转运到浓度低的膜一侧,不需要细胞提供能量,也没有膜蛋白的协助,称为简单扩散。

3.促进扩散又称为易化扩散、协助扩散,是指氨基酸、糖和金属离子等非脂溶性物质或亲水性物质,借助细胞膜上的膜蛋白顺浓度梯度或顺电化学浓度梯度,不消耗 ATP 进入膜内的一种运输方式。

4.主动运输是指物质由浓度低的一侧向浓度高的一侧跨膜运动的方式或物质逆浓度梯度或电化学梯度运输的跨膜运动方式。

5.协同运输是指一类靠间接供能完成的主动运输方式,物质跨膜运动所需要的能量来自膜两侧离子浓度梯度。

6.内吞作用是指通过细胞质膜内陷形成囊泡(称内吞泡),外界物质能裹进并输入细胞的过程。

7.如果内吞的物质为固体物,形成的囊泡较大,则被称为吞噬作用。

8.如果内吞的物质为液体或溶质,形成的囊泡较小,则被称为胞饮作用。

9.与内吞作用的顺序相反,有些大分子物质通过形成小囊泡从细胞内部逐步移至细胞表面,小囊泡的膜与质膜融合,将物质排出细胞之外,这个过程被称为外排作用。

二、填空题

1.脂类　蛋白质　糖类

2.磷脂　糖脂　胆固醇

3.整合蛋白　外周蛋白　脂锚定蛋白

4.红细胞膜脂　膜蛋白中的糖基

5.流动　不对称

6.简单扩散　促进扩散　主动运输

7.侧向扩散　旋转运动　翻转扩散

8.载体蛋白　通道蛋白

9.由 ATP 直接供能的主动运输　协同运输

10.内吞作用　外排作用

三、单项选择题

1.D　2.C　3.A　4.C　5.D

四、判断并改错

1.×,磷脂是膜脂中含量最丰富的脂类,占膜脂的 50%以上。

2.×,糖以糖脂或糖蛋白形式存在于生物膜上,以共价键连接,而不是自由存在的。

3.√。

4.√。

5. ×，生物膜在生理条件下呈现液晶态。

6. ×，生物膜具有不对称性是指在脂双层的内外层上生物分子组成种类不同，而且有些以特定方向存在。

7. ×，动物细胞中常常利用膜两侧的 Na^+ 浓度梯度来驱动；植物细胞和细菌常利用 H^+ 浓度梯度来驱动。

8. √。

五、简答题

1. 流体镶嵌模型的要点：①膜的流动性，膜蛋白和膜脂均可侧向运动；②膜蛋白分布的不对称性，有的镶嵌在表面，有的嵌入或横跨脂双分子层。流体镶嵌模型较好地体现了细胞的功能特点，被广泛接受，也得到了许多实验的支持。

2. 膜流动性的生理意义：①细胞质膜适宜的流动性是质膜行使功能的必要条件。例如，卵磷脂-胆固醇转酰基酶的活性与膜的流动性密切相关，膜流动性大，有利于酶的侧向扩散和旋转运动，使酶活性提高。②膜的一个重要功能是参与物质运输，如果没有膜的流动性，细胞外的营养物质就无法进入，细胞内合成的胞外物质（如胞外酶、胞外蛋白）及细胞废物也不能运到细胞外，这样细胞就会停止新陈代谢而死亡。

3. 主动运输的特点：①逆梯度运输；②依赖于膜运输蛋白；③需要代谢能，并对代谢毒性敏感；④具有选择性和特异性。

4. 根据被转运的对象及转运过程是否需要载体和消耗能量，可进一步细分出各种跨膜运输的方式。小分子与离子的跨膜转运可分为简单扩散、促进扩散和主动转运。大分子物质的跨膜转运可分为内吞作用和外排作用。

六、论述题

1. 生物膜上的膜脂、膜蛋白和膜糖在膜内外的分布是不对称的。这种结构成分的不对称性是细胞膜的重要特征，主要表现在以下几个方面。

①膜脂分布的不对称性。通常脂双分子层两侧的膜脂在含量比例上有差异。磷脂极性头部的大小可能是形成不对称分布的一个重要原因，另一个原因可能来自脂质和蛋白质的相互作用，如红细胞膜内侧表面收缩蛋白和酸性磷脂有较强的相互作用，从而增多了内侧的 PS。

②膜蛋白分布的不对称性。无论是膜周边蛋白，还是膜内蛋白，所有的膜蛋白质膜上都会呈不对称分布。与膜脂不同，膜蛋白的不对称性是指每种膜蛋白分子在细胞膜上都具有明确的方向性。如细胞表面的受体、膜上载体蛋白等，都是按照一定的方向传递信号和转运物质。膜蛋白的不对称性是生物膜能够在时间和空间上有序地实现各种复杂生理功能的保证。

③膜糖分布的不对称性。质膜和细胞内膜中的糖类全部分布在非细胞质基质的一侧，以糖脂和糖蛋白的形式存在。例如，质膜上的糖脂和糖蛋白全部分布在膜的外侧，是细胞识别、信号转导等生理功能的物质基础。

2. 主动运输涉及物质输入和输出细胞或细胞器，并且能够逆浓度梯度或电化学梯度。这种运输对维持细胞和细胞器的正常功能起到三个重要作用：①保证细胞或细胞器从周围环境中或表面摄取必需的营养物质；②能够将细胞内的各种物质，如分泌物、代谢废物以及一些离子排到细胞外；③能够维持一些无机离子在细胞内恒定和最适的浓度，特别是 K^+、Ca^{2+} 和 H^+ 的浓度。这些离子的浓度差异对细胞的生存和行使功能至关重要。例如，动物细胞将 Na^+ 泵出细胞外，以维持细胞内 Na^+ 的低浓度，这样可以帮助细胞维持细胞膜内外渗透压的平衡。如果没有这种平衡，细胞就会吸水膨胀直至破裂。

3. Na^+-K^+泵又称为ATP酶，存在于一切动物细胞的细胞质膜上，由α和β两个亚基组成，是一个跨膜多次的整合膜蛋白，具有ATP酶活性。Na^+-K^+泵可造成质膜两侧K^+、Na^+不均匀分布，且细胞内的净电荷为负电荷。

β亚基是分子质量为50 kDa，具有组织特异性的糖蛋白。其工作方式是在细胞内侧α亚基与Na^+相结合促进ATP水解，亚基上的一个天冬氨酸残基磷酸化引起α亚基构象发生变化，将Na^+运出细胞，通过细胞外的K^+与α亚基的另一位点结合，其能去磷酸化，亚基构象再度发生变化，将K^+输入细胞，完成了整个循环，产生跨膜的离子梯度。每个循环消耗1个ATP分子，转运3个Na^+和2个K^+。

生物学意义：①维持细胞的膜电位，细胞处于可兴奋状态；②调节细胞的体积；③产生的跨膜离子梯度驱动某些细胞糖和氨基酸等代谢物的主动运输。

第六章 糖类代谢

一、名词解释

1. 糖酵解途径
2. 糖的有氧氧化
3. 磷酸戊糖途径
4. 糖异生
5. 乳酸循环
6. 糖原
7. 血糖

二、填空题

1. 糖酵解途径的反应全部在细胞的__________中进行，该途径简称为__________途径。

2. 在__________或__________催化下，葡萄糖转变为其活性形式__________。

3. 糖酵解途径唯一的脱氢反应是由__________氧化脱氢，脱下的氢被__________接受，生成__________。

4. 糖酵解的终产物是__________，1 分子葡萄糖经糖酵解途径分解可净生成______分子 ATP。

5. 糖酵解过程中有 3 个不可逆的酶促反应，这些酶分别是__________、__________和__________。

6. 可以把糖酵解过程分为以下 4 个阶段：__________、__________、__________和__________。

7. 糖酵解途径的两个中间产物__________和__________是高能磷酸化合物，其发生底物水平磷酸化可促使 ATP 生成。

8. 丙酮酸脱氢酶系包括__________、__________和__________ 3 种酶和 6 种辅助因子。

9. 1937 年，德国科学家__________发现了三羧酸循环过程，这个循环反应又称为__________或__________。

10. 三羧酸循环中的 3 个限速酶分别是__________、__________和__________。

11. 有毒植物叶子的氟乙酸可作为杀虫剂，因为该物质可与__________缩合生成氟柠檬酸，从而抑制__________的进行。

12. 参与 α-酮戊二酸氧化脱羧反应的辅酶有__________、__________、______、__________、__________和__________。

13. 一次三羧酸循环可有________次脱氢过程，________次脱羧过程和________次底物水平磷酸化过程。

14. TCA循环中的两次氧化脱羧反应分别由________和________催化。

15. 丙酮酸可以直接由________催化转变为草酰乙酸，该过程也可由两种不同的酶依次催化完成，这两种酶分别为________和________。

16. 在磷酸戊糖途径中，有两步脱氢反应，分别由________和________催化，其辅酶均为________。

17. 磷酸戊糖途径可分为两个阶段，分别称为不可逆的________和可逆的________，其中两种脱氢酶是________和________，它们的辅酶是________。

18. 在磷酸戊糖途径中催化由酮糖向醛糖转移二碳单位的酶为________，其辅酶为________；催化由酮糖向醛糖转移三碳单位的酶为________。

19. 糖异生的主要原料为________、________和________。

20. 2分子乳酸异生为葡萄糖要消耗________分子ATP和________分子GTP。

21. 催化丙酮酸生成磷酸烯醇式丙酮酸的酶是________和________，这两步反应都需要核苷酸参与，分别是________和________。

22. ________是动物体内葡萄糖的贮存形式，在体内可以存在于________和________。

23. 糖原合成途径的限速酶是________，此过程的糖基供体是________。

24. 糖原合成过程在________中进行，需要________和________供能。

25. 糖原分支的形成需要________催化，该酶的作用是催化________断裂和________生成。

26. 糖原分解过程的限速酶是________，该酶的四聚体形式________活性，而二聚体形式________活性。

三、单项选择题

1. 磷酸果糖激酶所催化的反应产物是(　　)。

A. 果糖-1-磷酸　　B. 果糖-6-磷酸

C. 果糖-1,6-二磷酸　　D. 葡萄糖-6-磷酸

2. 在糖酵解途径中，哪一对代谢物能够提供磷酸使ADP转化成ATP?(　　)

A. 甘油醛-3-磷酸和磷酸烯醇式丙酮酸

B. 甘油酸-1,3-二磷酸和磷酸烯醇式丙酮酸

C. 葡萄糖-1-磷酸和果糖-1,6-二磷酸

D. 葡萄糖-6-磷酸和甘油酸-2-磷酸

3. 糖酵解途径中的脱氢反应步骤是(　　)。

A. 果糖-1,6-二磷酸⟶甘油醛-3-磷酸＋磷酸二羟丙酮

B. 甘油醛-3-磷酸⟶磷酸二羟丙酮

C. 甘油醛-3-磷酸⟶甘油酸-1,3-二磷酸
D. 甘油酸-1,3-二磷酸⟶甘油酸-3-磷酸

4. 果糖-6-磷酸⟶果糖-1,6-二磷酸的反应需要哪些条件？（　　）
A. 果糖二磷酸酶、ATP 和 Mg^{2+}　　B. 果糖二磷酸酶、ADP、Pi 和 Mg^{2+}
C. 磷酸果糖激酶、ATP 和 Mg^{2+}　　D. 磷酸果糖激酶、ADP 和 Mg^{2+}

5. 在糖酵解过程中，催化 1 mol 六碳糖裂解为 2 mol 三碳糖反应的酶是（　　）。
A. 磷酸己糖异构酶　　B. 磷酸果糖激酶
C. 醛缩酶　　D. 磷酸丙糖异构酶

6. 在缺氧情况下，糖酵解途径生成的 $NADH+H^+$ 的去路是（　　）。
A. 经 α-磷酸甘油穿梭系统进入线粒体氧化
B. 使丙酮酸还原为乳酸
C. 经苹果酸穿梭系统进入线粒体氧化
D. 使丙酮酸生成乙酰 CoA

7. ATP 对磷酸果糖激酶的作用是（　　）。
A. 酶的底物
B. 酶的抑制剂
C. 既是酶的底物，又是酶的变构抑制剂
D. 果糖-1,6-二磷酸被激酶水解时生成的产物

8. 乳酸脱氢酶在骨骼肌中催化的反应主要是生成（　　）。
A. 柠檬酸　　B. 乳酸　　C. 甘油醛-3-磷酸　　D. 甘油酸-3-磷酸

9. 在厌氧条件下，下列哪一种化合物会在哺乳动物肌肉组织中积累？（　　）
A. 丙酮酸　　B. 乙醇　　C. 乳酸　　D. CO_2

10. 在丙酮酸脱氢酶复合体中，最终接受底物脱下的 2H 辅助因子是（　　）。
A. FAD　　B. 硫辛酸　　C. 辅酶 A　　D. NAD^+

11. 丙酮酸脱氢酶复合体需要多种辅助成分，但不包括（　　）。
A. 生物素　　B. 硫辛酸　　C. CoASH　　D. FAD

12. 在 TCA 循环中，下列哪一个阶段发生了底物水平磷酸化？（　　）
A. 柠檬酸⟶α-酮戊二酸　　B. 琥珀酰 CoA⟶琥珀酸
C. 琥珀酸⟶延胡索酸　　D. 延胡索酸⟶苹果酸

13. 关于三羧酸循环的叙述，下列哪个是错误的？（　　）
A. 是糖、脂肪及蛋白质分解的最终途径
B. 受 ATP/ADP 值的调节
C. NADH 可抑制柠檬酸合酶
D. 途径产生的 NADH 氧化需要线粒体穿梭系统

14. 在三羧酸循环中，哪两种物质发生了脱羧反应？（　　）
A. 柠檬酸和乙酰 CoA　　B. 琥珀酸和苹果酸
C. 柠檬酸和异柠檬酸　　D. α-酮戊二酸和异柠檬酸

15. 在三羧酸循环中，哪一种化合物前后各放出 1 分子 CO_2？（　　）
A. 柠檬酸　　B. 乙酰 CoA　　C. 琥珀酸　　D. α-酮戊二酸

16. 在有氧条件下，在线粒体中，下列哪个反应能产生 $FADH_2$？（　　）

A. 琥珀酸⟶延胡索酸　　B. 异柠檬酸⟶α-酮戊二酸

C. α-酮戊二酸⟶琥珀酰 CoA　　D. 苹果酸⟶草酰乙酸

17. 丙酮酸羧化酶是哪一个代谢途径的关键酶？（　　）

A. 糖异生途径　　B. 磷酸戊糖途径

C. 糖酵解途径　　D. 三羧酸循环

18. 生物素是哪个酶的辅基？（　　）

A. 丙酮酸脱氢酶　　B. 丙酮酸羧化酶

C. 烯醇化酶　　D. 醛缩酶

19. 丙二酸能阻断糖的有氧氧化是因为它（　　）。

A. 抑制柠檬酸合成酶　　B. 抑制琥珀酸脱氢酶

C. 阻断电子传递　　D. 抑制丙酮酸脱氢酶

20. 将三碳糖、六碳糖与五碳糖代谢联系起来的糖代谢途径是（　　）。

A. 糖的有氧氧化　　B. 磷酸戊糖途径　　C. 糖酵解　　D. 三羧酸循环

21. 磷酸戊糖途径的真正意义在于产生（　　）的同时，产生了许多中间物，如核糖等。

A. $NADPH+H^+$　　B. NAD^+　　C. ADP　　D. CoASH

22. 下列哪一种酶的辅酶是 CoⅡ？（　　）

A. 磷酸己糖异构酶　　B. 葡萄糖酸-6-磷酸脱氢酶

C. 甘油醛-3-磷酸脱氢酶　　D. 丙酮酸脱氢酶

23. 下列各物质均为糖代谢途径的中间产物，哪一个是磷酸戊糖途径所特有的？（　　）

A. 丙酮酸　　B. 甘油醛-3-磷酸

C. 果糖-6-磷酸　　D. 葡萄糖酸-6-磷酸

24. 下列哪种酶在糖酵解和糖异生中都起作用？（　　）

A. 丙酮酸激酶　　B. 丙酮酸羧化酶

C. 甘油醛-3-磷酸脱氢酶　　D. 己糖激酶

25. 催化葡萄糖⟶葡萄糖-6-磷酸逆反应的酶是（　　）。

A. 果糖二磷酸酶　　B. 葡萄糖-6-磷酸酶

C. 醛缩酶　　D. 磷酸果糖激酶Ⅱ

26. 动物糖异生的主要反应部位是（　　）。

A. 肝脏　　B. 骨骼肌　　C. 心脏　　D. 肾脏

27. 反刍动物糖异生的主要原料是（　　）。

A. 乳酸、乙酸和氨基酸　　B. 丙酸

C. 氨基酸和丁酸　　D. 酮体和乳酸

28. 由葡萄糖合成糖原时，每增加 1 个葡萄糖单位消耗高能磷酸键数为（　　）。

A. 1　　B. 2　　C. 3　　D. 4

29. 从糖原开始算，1 mol 葡萄糖转变为 2 mol 乳酸，净生成（　　）ATP。

A. 1 mol　　B. 2 mol　　C. 3 mol　　D. 4 mol

30. 糖原合酶催化的反应是（　　）。

A. 葡萄糖-6-磷酸⟶葡萄糖-1-磷酸

B. 葡萄糖-1-磷酸⟶UDP-G

C. UDP-G＋糖原 n ⟶糖原(n＋1)＋UDP

D. 糖原 n ⟶糖原(n-1)＋G-1-P

31. 在糖原分解过程中，磷酸化酶磷酸解的化学键是(　　)。

A. α-1，6-糖苷键　B. β-1，6-糖苷键　C. α-1，4-糖苷键　D. β-1，4-糖苷键

32. 糖原合酶催化生成的化学键是(　　)。

A. α-1，6-糖苷键　B. β-1，6-糖苷键

C. α-1，4-糖苷键　D. β-1，4-糖苷键

33. 动物饥饿后摄食，其肝细胞主要糖代谢途径是(　　)。

A. 糖异生　B. 糖有氧氧化　C. 糖酵解　D. 糖原分解

34. 肌糖原不能直接补充血糖是因为肌肉中(　　)。

A. 缺乏葡萄糖-6-磷酸酶　B. 缺乏磷酸化酶

C. 缺乏脱支酶　D. 缺乏己糖激酶

35. 能够降低血糖的激素是(　　)。

A. 胰高血糖素　B. 肾上腺素　C. 甲状腺素　D. 胰岛素

36. 在下列叙述中，哪个是错误的？(　　)

A. 肌肉缺乏葡萄糖-6-磷酸酶，所以肌糖原不能直接补充血糖

B. 肌糖原分解出葡萄糖-6-磷酸后，可以经乳酸异生为葡萄糖

C. 糖分解代谢可按糖酵解-三羧酸途径进行，也可按磷酸戊糖途径进行

D. 当能荷高时，糖分解按 EMP-TCA 途径进行；当能荷低时，可按磷酸戊糖途径进行

四、判断并改错

(　　)1. 葡萄糖是生命活动的主要能源之一，酵解途径和三羧酸循环都是在线粒体内进行的。

(　　)2. 醛缩酶是糖酵解途径的关键酶，催化单向反应。

(　　)3. 丙酮酸脱氢酶系催化底物脱下的氢，最终是交给 FAD 生成 $FADH_2$ 的。

(　　)4. 哺乳动物在无氧条件下不能存活，因为葡萄糖酵解不能合成 ATP。

(　　)5. 在 TCA 中，通过底物水平磷酸化方式直接生成的高能磷酸化合物是 ATP。

(　　)6. 当细胞内 ATP 增多时，糖的有氧氧化途径受到抑制。

(　　)7. 1 mol 葡萄糖经糖酵解途径生成乳酸，需经 2 次消耗能量、2 次底物水平磷酸化过程，最终生成 2 mol ATP 分子。

(　　)8. 在无氧条件下，糖酵解途径中脱氢反应产生的 $NADH+H^+$ 交给丙酮酸生成乳酸；在有氧条件下，$NADH+H^+$ 则进入线粒体氧化。

(　　)9. 三羧酸循环被认为是需氧途径，因为途径中生成的 $NADH+H^+$ 和 $FADH_2$ 需要通过电子传递链被氧化，以使循环所需的载氢体再生。

(　　)10. ATP 是果糖磷酸激酶的变构抑制剂。

(　　)11. 在有氧条件下，动物体内的某些组织器官也依靠糖酵解反应提供能量。

(　　)12. 每分子葡萄糖经三羧酸循环产生的 ATP 分子数比经糖酵解途径产生的 ATP

分子数多 1 倍。

(　　)13. 葡萄糖酸-6-磷酸是糖代谢中各个代谢途径的交叉点。

(　　)14. 所有来自磷酸戊糖途径的还原能力都是在该循环的前三步反应中产生的。

(　　)15. 动物体内的乙酰 CoA 不能作为糖异生的原料。

(　　)16. 沿糖酵解途径简单逆行,丙酮酸等小分子前体物质能够合成葡萄糖。

(　　)17. 动物体内合成糖原时需要 ADPG 提供葡萄糖基。

(　　)18. 淀粉、糖原、纤维素的生物合成均需要“引物”存在。

(　　)19. 催化 ATP 分子中的磷酰基转移到受体上的酶称为激酶。

五、完成反应方程式

1. 葡萄糖＋(　　　　　　　　　　)$\longrightarrow$葡萄糖-6-磷酸＋ADP＋Pi

催化此反应的酶是(　　　　　　　　　　)或者(　　　　　　　　　　)。

2. 磷酸烯醇式丙酮酸＋ADP $\longrightarrow$(　　　　　　　　　　)＋ATP

催化此反应的酶是(　　　　　　　　　　)。

3. 丙酮酸＋CO_2＋(　　　　　　　　　　)＋H_2O $\longrightarrow$(　　　　　　　　　　)＋ADP＋Pi＋$2H^+$

催化此反应的酶是(　　　　　　　　　　)。

4. 草酰乙酸＋GTP $\longrightarrow$(　　　　　　　　　　)＋(　　　　　　　　　　)＋ CO_2

催化此反应的酶是(　　　　　　　　　　)。

5. 丙酮酸＋CoA＋NAD^+ $\longrightarrow$(　　　　　　　　　　)＋ CO_2＋(　　　　　　　　　　)

催化此反应的酶和其他辅因子是(　　　　　　　　　　)(　　　　　　　　　　)(　　　　　　　　　　)和(　　　　　　　　　　)。

6. α-酮戊二酸＋NAD^+＋CoASH $\longrightarrow$(　　　　　　　　　　)＋NADH＋H^+＋CO_2

催化此反应的酶和其他辅因子是(　　　　　　　　　　)(　　　　　　　　　　)(　　　　　　　　　　)和(　　　　　　　　　　)。

7. 景天庚酮糖-7-磷酸＋甘油醛-3-磷酸 $\longrightarrow$果糖-6-磷酸＋(　　　　　　　　　　)

催化此反应的酶是(　　　　　　　　　　)。

8. (　　　　　　　　　　)＋ 糖原(n 个葡萄糖残基)$\longrightarrow$糖原(n＋1 个葡萄糖残基)＋UDP

催化此反应的酶是(　　　　　　　　　　)。

9. 葡萄糖酸-6-磷酸＋(　　　　　　　　　　)$\longrightarrow$核酮糖-5-磷酸＋(　　　　　　　　　　)

催化此反应的酶是(　　　　　　　　　　)。

10. 琥珀酸＋(　　　　　　　　　　)$\longrightarrow$延胡索酸＋(　　　　　　　　　　)

催化此反应的酶是(　　　　　　　　　　)。

六、简答题

1. 糖类物质的生理功能有哪些?

2. 简述己糖激酶和葡萄糖激酶的差别。
3. 试述丙酮酸氧化脱羧反应机制以及受哪些因素调控。
4. 何谓三羧酸循环？它有何生物学意义？
5. 为什么说三羧酸循环是糖类、脂类和蛋白质分解的共同通路？
6. 简述补充三羧酸循环的草酰乙酸来自何处。
7. 磷酸戊糖途径的主要生理意义是什么？
8. 糖分解代谢可按 EMP-TCA 途径进行，也可按磷酸戊糖途径进行，其决定因素是什么？
9. 为什么肌糖原不能直接补充血糖？请论述肌糖原是如何转变为血糖的？
10. 糖异生途径与糖酵解途径的反应部位和催化酶有哪些差异？
11. 简述血糖的来源与去路。为什么说肝脏是维持血糖浓度恒定的重要器官？

七、计算与论述题

1. 1 分子葡萄糖经糖酵解途径生成乳酸，可提供几分子 ATP？为什么？
2. 1 分子乙酰 CoA 彻底氧化生成 CO_2 和 H_2O，可提供几分子 ATP？为什么？

八、综合题

1. 试说明丙氨酸成糖过程。
2. 糖酵解的中间物在其他代谢中有什么应用？
3. 琥珀酰 CoA 的代谢来源与去路有哪些？
4. 在葡萄糖有氧氧化过程中并没有出现 O_2，为何称之为有氧氧化？

参考答案

一、名词解释

1. 在无氧的情况下，细胞液中的葡萄糖分解为乳酸并释放少量 ATP 的过程被称为葡萄糖的无氧分解。由于这一过程与酵母中糖生醇发酵的过程类似，因此也被称为糖酵解途径。

2. 在有氧条件下，葡萄糖分解生成二氧化碳和水并释放能量的过程，就称为糖的有氧氧化。

3. 在某些组织（如肝、脂肪组织等）中，以葡萄糖-6-磷酸为起始物，经过一系列酶促反应，生成 CO_2、无机磷酸和 NADPH。因为磷酸戊糖是该途径的中间代谢物，所以被称为磷酸戊糖途径，又称为磷酸己糖旁路。

4. 糖异生是指以非糖有机物作为前体合成葡萄糖的过程，这是动物体内一种重要的单糖合成途径。非糖物质包括乳酸、甘油、丙酸以及生糖氨基酸（如丙氨酸）等。进行糖异生的主要部位是动物肝脏。

5. 肌肉细胞内的乳酸扩散到血液并随着血流进入肝脏，在肝细胞内通过葡萄糖异生途径转变为葡萄糖，又回到血液供应肌肉和脑对葡萄糖的需要，该过程被称为乳酸循环或 Cori 循环。

6. 糖原是葡萄糖在动物体内的贮存形式。

7. 血糖指血液中所含的糖，除微量的半乳糖、果糖及其磷酸酯，几乎全部是葡萄糖及少量葡萄糖磷酸酯。一般来说，血糖主要是指血液中的葡萄糖。

二、填空题

1. 胞液　糖酵解或 EMP

2. 葡萄糖激酶　己糖激酶　葡萄糖-6-磷酸

3. 甘油醛-3-磷酸　NAD^+　$NADH+H^+$

4. 乳酸　2

5. 己糖激酶　果糖磷酸激酶　丙酮酸激酶

6. 葡萄糖的磷酸化　六碳糖的裂解　丙酮酸的生成　乳酸的生成

7. 甘油酸-1,3-二磷酸　磷酸烯醇式丙酮酸

8. 丙酮酸脱氢酶　二氢硫辛酰胺转乙酰基酶　二氢硫辛酰胺脱氢酶

9. 汉斯·阿道夫·克雷布斯（H. A. Krebs）　柠檬酸循环　Krebs 循环

10. 柠檬酸合酶　异柠檬酸脱氢酶　α-酮戊二酸脱氢酶系

11. 草酰乙酸　三羧酸循环

12. TPP　NAD^+　FAD　CoA　Mg^{2+}　硫辛酰胺

13. 4　2　1

14. 异柠檬酸脱氢酶　α-酮戊二酸脱氢酶系

15. 丙酮酸羧化酶　苹果酸酶　苹果酸脱氢酶

16. 葡萄糖-6-磷酸脱氢酶　葡萄糖酸-6-磷酸脱氢酶　$NADP^+$

17. 氧化阶段　非氧化阶段　葡萄糖-6-磷酸脱氢酶　葡萄糖酸-6-磷酸脱氢酶　$NADP^+$

18. 转酮酶　TPP　转醛酶

19. 乳酸　甘油　氨基酸

20. 4　2

21. 丙酮酸羧化酶　磷酸烯醇式丙酮酸激酶　ATP　GTP

22. 糖原　肝脏　肌肉

23. 糖原合酶　UDP-葡萄糖

24. 胞质　ATP　UTP

25. 糖原分支酶　α-1,4-糖苷键　α-1,6-糖苷键

26. 糖原磷酸化酶　有　无

三、单项选择题

1. C　2. B　3. C　4. C　5. C　6. B　7. C　8. B　9. C　10. D　11. A　12. B　13. D
14. D　15. D　16. A　17. A　18. B　19. B　20. B　21. A　22. B　23. D　24. C　25. B
26. A　27. B　28. B　29. C　30. C　31. C　32. C　33. B　34. A　35. D　36. D

四、判断并改错

1. ×，糖酵解的全部反应在胞液中进行。

2. ×，醛缩酶不是糖酵解途径的关键酶，其催化的是双向反应。

3. ×，丙酮酸脱氢酶系催化底物脱下的氢，最终是交给 NAD^+ 生成 NADH。

4. ×，哺乳动物无氧不能存活的原因不是酵解途径不能合成 ATP，糖酵解可以产生少量的 ATP。

5. ×，在 TCA 中，底物水平磷酸化直接生成的是 GTP，相当于一个 ATP。

6. √。

7. √。

8. √。

9. √。

10. √，磷酸果糖激酶是变构酶，其活性被 ATP 抑制，ATP 的抑制作用可被 AMP 所逆转。

11. √。

12. ×，1 mol 葡萄糖酵解为 2 mol 乳酸净生成 2 mol ATP；1 mol 葡萄糖彻底氧化为 CO_2 和 H_2O 可得到 30 mol 或 32 mol ATP。

13. ×，葡萄糖-6-磷酸是糖代谢中各个代谢途径的交叉点，而非葡萄糖酸-6-磷酸。

14. √，戊糖磷酸途径分为氧化阶段和非氧化阶段，氧化阶段的 3 步反应产生还原能，非氧化阶段进行分子重排，不产生还原能。

15. √，动物体内不存在乙醛酸循环途径，不能将乙酰 CoA 转化成糖。

16. ×，糖异生并不是糖酵解的简单逆行，其中的不可逆步骤需要另外的酶催化完成。

17. ×，动物体内合成糖原时需要 UDPG 提供葡萄糖基。

18. √。

19. √。

五、完成反应方程式

1. 葡萄糖＋(ATP)⟶葡萄糖-6-磷酸＋ADP＋Pi

催化此反应的酶是(葡萄糖激酶)或者(己糖激酶)。

2. 磷酸烯醇式丙酮酸＋ADP ⟶(丙酮酸)＋ATP

催化此反应的酶是(丙酮酸激酶)。

3. 丙酮酸＋CO_2＋(ATP)＋ H_2O ⟶(草酰乙酸)＋ ADP＋Pi＋$2H^+$

催化此反应的酶是(丙酮酸羧化酶)。

4. 草酰乙酸＋GTP ⟶(磷酸烯醇式丙酮酸)＋(GDP)＋CO_2

催化此反应的酶是(磷酸烯醇式丙酮酸羧激酶)。

5. 丙酮酸＋CoA＋NAD^+⟶(乙酰 CoA)＋CO_2＋(NADH＋H^+)

催化此反应的酶和其他辅因子是(丙酮酸脱氢酶)、(TPP)、(FAD)和(Mg^{2+})。

6. α-酮戊二酸＋NAD^+＋CoASH ⟶(琥珀酰—SCoA)＋ NADH＋H^+＋CO_2

催化此反应的酶和其他辅因子是(α-酮戊二酸脱氢酶)、(TPP)、(FAD)和(Mg^{2+})。

7. 景天庚酮糖-7-磷酸＋甘油醛-3-磷酸 ⟶果糖-6-磷酸＋(赤藓糖-4-磷酸)

催化此反应的酶是(转醛酶)。

8. (UDP-葡萄糖)＋糖原(n 个葡萄糖残基)⟶糖原(n＋1 个葡萄糖残基)＋ UDP

催化此反应的酶是(糖原合酶)。

9. 葡萄糖酸-6-磷酸＋($NADP^+$)⟶核酮糖-5 磷酸＋(NADPH＋H^+)

催化此反应的酶是(葡萄糖酸—6—磷酸脱氢酶)。

10. 琥珀酸＋(FAD)⟶延胡索酸＋($FADH_2$)

催化此反应的酶是(琥珀酸脱氢酶)。

六、简答题

1. ①糖是动物体内的重要能源物质;②糖是合成生物体内重要代谢物质的碳架和前体;③糖是动物体内的重要结构物质,如糖蛋白和糖脂是组成生物膜的成分;④糖是动物体内的重要功能物质,如糖蛋白参与细胞间的信息传递。

2. 己糖激酶和葡萄糖激酶的主要差别在于:①葡萄糖激酶只存在于肝脏中,而己糖激酶在肝脏和肌肉中都存在;②己糖激酶的 K_m 值为 0.1 mmol/L,葡萄糖激酶的 K_m 值为 10 mmol/L;③己糖激酶受产物葡萄糖-6-磷酸的反馈抑制,葡萄糖激酶不受产物葡萄糖-6-磷酸的反馈抑制。当血液中葡萄糖浓度低时,己糖激酶起主要作用;当血液中葡萄糖浓度高时,葡萄糖激酶起主要作用,结果肝脏糖原浓度高于肌肉糖原浓度。

3. ①变构调控:丙酮酸氧化脱羧作用的两个产物——乙酰 CoA 和 NADH＋H^+ 都抑制丙酮酸脱氢酶复合体,乙酰 CoA 抑制二氢硫辛酰胺乙酰转移酶(E2),NADH＋H^+ 抑制二氢硫辛酰胺脱氢酶(E3)组分。②化学修饰调控:丙酮酸脱氢酶磷酸化后,酶活性受到抑制,去磷酸化后活性恢复。③丙酮酸脱氢酶(E1)组分受 GTP 抑制,为 AMP 所活化。

4. 在线粒体中,乙酰 CoA 和草酰乙酸缩合生成柠檬酸,经过一系列酶促反应重新生成草酰乙酸,而将乙酰 CoA 彻底氧化生成 H_2O 和 CO_2,并释放能量。这个循环反应称为三羧酸循环,又称柠檬酸循环或 Krebs 循环。

生物学意义:①糖的有氧分解是产生动物生理活动所需能量的主要来源;②三羧酸循环是糖、脂肪、蛋白质在体内彻底氧化的共同代谢途径;③三羧酸循环是糖、脂肪、蛋白质及其他有机物质代谢的联系枢纽。

5. ①葡萄糖经甘油醛-3-磷酸、丙酮酸等物质生成乙酰 CoA，而乙酰 CoA 必须进入三羧酸循环才能被彻底氧化分解。②脂肪分解产生的甘油和脂肪酸，甘油可以经磷酸二羟丙酮进入糖有氧氧化途径，最终的氧化分解也需要进入三羧酸循环途径；而脂肪酸经 β-氧化途径产生乙酰 CoA，乙酰 CoA 可进入三羧酸循环氧化。③蛋白质分解产生氨基酸，氨基酸脱去氨基后产生的碳骨架可进入三羧酸循环，同时，三羧酸循环的中间产物可作为氨基酸的碳骨架，接受 NH_3 重新生成氨基酸，所以三羧酸循环是三大物质共同通路。

6. 草酰乙酸一般有四个来源：①由苹果酸再生为草酰乙酸，即在三羧酸循环中，生成的苹果酸在脱氢酶的催化下，再生为草酰乙酸。②由丙酮酸生成，即在羧化酶的催化下，丙酮酸生成草酰乙酸。③由磷酸烯醇式丙酮酸（PEP）生成，即 PEP 在羧激酶的催化下可生成草酰乙酸。④天冬氨酸生成，即天冬氨酸在转氨酶的催化下生成草酰乙酸。

7. ①中间产物核糖-5-磷酸是动物体内合成多种物质的重要原料；②产生的 NADPH＋H^+（还原能）参与多种代谢反应；③磷酸戊糖途径与糖的有氧分解及糖的无氧分解相互联系；④通过转酮基和转醛基反应，丙糖、丁糖、戊糖、己糖、庚糖能互相转化。

8. 糖分解代谢可按 EMP-TCA 途径进行，也可按磷酸戊糖途径，决定因素是能荷水平。当能荷低时，糖分解按 EMP-TCA 途径进行；当能荷高时，可按磷酸戊糖途径。

9. ①肌肉缺乏葡萄糖-6-磷酸酶。②肌糖原分解生成葡萄糖-6-磷酸后，经糖酵解途径产生乳酸，乳酸进入血液循环到肝脏，以乳酸为原料经糖异生作用转变为葡萄糖、并释放入血补充血糖。

10. ①作用部位不同：糖异生作用主要发生在动物肝脏，所需要的酶存在于胞液或线粒体；而糖酵解主要发生在肌肉组织，且全部酶存在于在胞液中；②糖酵解过程有 3 个关键酶，分别是己糖激酶、果糖磷酸激酶、丙酮酸激酶；糖异生过程有 4 个关键酶，分别是葡萄糖-6-磷酸酶、果糖-1，6-二磷酸酶、丙酮酸羧化酶、磷酸烯醇式丙酮酸羧激酶。

11. ①血糖的来源有糖异生，食物糖的吸收和肝糖原分解。②血糖的去路有氧化分解，合成肌糖原、肝糖原、脂肪、非必需氨基酸及其他（如核糖等）物质。③肝脏是维持血糖浓度的主要器官：调节肝糖原的合成与分解；饥饿时，通过糖异生途径合成葡萄糖。

七、论述与计算题

1. 可提供 2 分子 ATP。其具体情况：①葡萄糖⟶葡萄糖-6-磷酸，消耗 1 分子 ATP，该反应由己糖激酶催化；②果糖-6-磷酸⟶果糖-1，6-二磷酸，消耗 1 分子 ATP，该反应由磷酸果糖激酶催化；③2×甘油酸-1，3-二磷酸⟶2×甘油酸-3-磷酸，产生 2 分子 ATP，该反应由磷酸甘油酸激酶催化；④2×磷酸烯醇式丙酮酸⟶2×丙酮酸，产生 2 分子 ATP，该反应由丙酮酸激酶催化。

2. 可提供 10 分子 ATP。其具体情况：①在异柠檬酸脱氢酶作用下，异柠檬酸脱下 2 个氢生成 α-酮戊二酸和 NADH＋H^+；②在 α-酮戊二酸脱氢酶系作用下，α-酮戊二酸脱氢生成琥珀酰 CoA 和 NADH＋H^+；③在琥珀酰 CoA 合成酶作用下，琥珀酰 CoA 水解生成琥珀酸，产生 1 分子 GTP；④在琥珀酸脱氢酶作用下，琥珀酸脱氢生成延胡索酸和 $FADH_2$；⑤在苹果酸脱氢酶催化下，苹果酸脱氢生成草酰乙酸和 NADH＋H^+。

1 分子 NADH 进入 NADH 呼吸链氧化可提供 2.5 分子 ATP，而 1 分子 $FADH_2$ 进入 $FADH_2$ 呼吸链氧化可提供 1.5 分子 ATP，所以 1 分子乙酰 CoA 彻底氧化生成 CO_2 和 H_2O，可提供10分子ATP(3×2.5+1.5+1)。

八、综合题

1. 丙氨酸成糖是体内很重要的糖异生过程。丙氨酸经转氨作用生成丙酮酸,丙酮酸进入线粒体转变成草酰乙酸。生成的草酰乙酸不能通过线粒体膜,为此须转变成苹果酸或天冬氨酸,后两者到胞浆里再转变成草酰乙酸。草酰乙酸转变成磷酸烯醇式丙酮酸,后者沿酵解路逆行而成糖。丙氨酸成糖须先脱掉氨基,然后绕过“能障”及“膜障”才能成糖。

2. 磷酸二羟丙酮可还原α-磷酸甘油,后者可参与合成甘油三酯和甘油磷脂。3-磷酸甘油酸是丝氨酸的前体,因而也是甘氨酸和半胱氨酸的前体。磷酸烯醇式丙酮酸被两次用于合成芳香族氨基酸的前体-分支酸。它也用于ADP磷酸化成ATP。在细菌,糖磷酸化反应(如葡萄糖生成6-磷酸葡萄糖)中的磷酸基不是来自ATP,而是来自磷酸烯醇式丙酮酸。

丙酮酸可转变成丙氨酸,也能转变成羟乙基,用于合成异亮氨酸和缬氨酸。两分子丙酮酸生成α-酮异戊酸,进而可转变成亮氨酸。

3. ①琥珀酰CoA主要来自糖代谢,也来自长链脂肪酸的ω-氧化。奇数碳原子脂肪酸,通过β-氧化除生成乙酰CoA,后者进一步转变成琥珀酰CoA。此外,蛋氨酸、苏氨酸以及缬氨酸和异亮氨酸在降解代谢中也生成琥珀酰CoA。

②琥珀酰CoA的主要代谢去路是通过柠檬酸循环彻底氧化成CO_2和H_2O。琥珀酰-CoA在肝外组织,在琥珀酸-乙酰乙酰CoA转移酶催化下,可将辅酶A转移给乙酰乙酸,本身成为琥珀酸。此外,琥珀酰CoA与甘氨酸一起生成δ-氨基-γ-酮戊酸(ALA),参与血红素的合成。

4. 葡萄糖有氧氧化过程包括几步脱氢反应,NAD^+、FAD是氢和电子受体。①线粒体内的NAD^+、FAD库的大小相对于乙酰CoA的量来说是很小的,这些辅助因子必须重新循环才能满足其需要,循环需要经过电子传递链才能完成,而氧是传递链的最终电子受体;②葡萄糖有氧氧化的最终目的是产生大量ATP,只有将氧化过程中产生的NAD^+、FAD沿呼吸链传递给氧,最终生成水,才能偶联生成ATP。在缺乏氧时,NAD^+、FAD通过电子传递链重新产生是不可能的,也无法生成大量能量。葡萄糖有氧氧化过程虽然没有出现氧,但是却离不开氧气。

第七章 生物氧化

一、名词解释

1. 生物氧化　2. 高能化合物　3. 呼吸链
4. 底物水平磷酸化作用　5. 氧化磷酸化作用　6. P/O 值
7. 电子传递抑制剂　8. 氧化磷酸化抑制剂　9. 解偶联剂
10. α-磷酸甘油穿梭作用　11. 苹果酸穿梭作用

二、填空题

1. 在真核生物中，生物氧化在________进行；在原核生物中，生物氧化在________进行。

2. FMN 或 FAD 作为递氢体，其发挥功能的环状结构是________。

3. 铁硫蛋白主要有________和________两种存在形式，铁离子通过________残基的硫连接在蛋白质分子内。

4. 呼吸链中有两种成分未参与形成复合体，其一是非蛋白质组分________，其二是不与线粒体内膜紧密结合的蛋白质________。

5. 呼吸链中复合体Ⅳ称为________，其电子供体为________。________是整个呼吸链的电子最终受体。

6. 体内重要的两条呼吸链分别是________和________。

7. 呼吸链中________、________、________具有质子泵功能。每对电子通过复合体Ⅰ时有________个质子从基质泵出，通过复合体Ⅲ时有________个质子从基质泵出，通过复合体Ⅳ时有________个质子从基质泵出。

8. ATP 的生成方式有两种，分别称为________和________，且后者是主要的。

9. 氧化还原电位越负，________力越强，氧化还原电位越正，________力越强。

10. 可用来正确解释氧化磷酸化偶联机制的假说是________，该学说是由英国的________于________年首先提出的，为此他获得诺贝尔化学奖。

11. P/O 值是指________。

12. ATP 合酶由________和________两部分组成，其中________具有质子通道的作用，________具有合成 ATP 的功能。

13. 2,4-二硝基苯酚(DNP)可使____________和____________解偶联。

14. 胞液中的 $NADH+H^+$ 通过____________或____________两种机制进入线粒体，并分别进入____________和____________呼吸链，可分别产生____________分子 ATP 和____________分子 ATP。

三、单项选择题

1. 肌肉中的主要贮能物质是(　　)。

A. ATP　　B. ADP　　C. 磷酸肌酸　　D. 丙酮酸

2. 真核生物的呼吸链存在于(　　)。

A. 过氧化物酶体　　B. 线粒体外膜　　C. 线粒体内膜　　D. 微粒体

3. 下列哪种物质不含 B 族维生素？(　　)

A. FAD　　B. NAD^+　　C. FMN　　D. CoQ

4. 下列哪种物质被称为细胞色素 c 氧化酶？(　　)

A. 细胞色素 c_1　　B. 细胞色素 c　　C. 细胞色素 b　　D. 细胞色素 aa_3

5. 细胞色素 aa_3 除含铁，还含有(　　)。

A. 锌　　B. 锰　　C. 铜　　D. 镁

6. 细胞色素 aa_3 的重要特点是(　　)。

A. 以铁卟啉为辅基的递氢体　　B. 只形成 5 个配位键

C. 属于不需氧脱氢酶　　D. 分子中含铜的递氢体

7. 呼吸链中不具备质子泵功能的是(　　)。

A. 复合体Ⅰ　　B. 复合体Ⅱ　　C. 复合体Ⅲ　　D. 复合体Ⅳ

8. NADH 氧化呼吸链的正确排列顺序是(　　)。

A. NADH→FMN→CoQ→Cyt　　B. NADH→FAD→CoQ→Cyt

C. NADH→CoQ→FAD→Cyt　　D. NADH→CoQ→FMN→Cyt

9. 细胞色素传递电子的顺序是(　　)。

A. $c \to c_1 \to b \to aa_3$　　B. $c_1 \to b \to c \to aa_3$

C. $b \to c \to c_1 \to aa_3$　　D. $b \to c_1 \to c \to aa_3$

10. 能将 $2H^+$ 游离于介质而将电子传递给细胞色素的是(　　)。

A. $NADH+H^+$　　B. $FADH_2$　　C. $FMNH_2$　　D. $CoQH_2$

11. 丙酮酸脱下的氢在哪个环节进入呼吸链？(　　)

A. 泛醌　　B. NADH-CoQ 氧化还原酶

C. 复合体Ⅲ　　D. 细胞色素 c 氧化酶

12. 下列哪种物质脱下的氢不进入 NADH 呼吸链？(　　)

A. 异柠檬酸　　B. 琥珀酸　　C. 谷氨酸　　D. 苹果酸

13. 伴随有底物水平磷酸化的反应是(　　)。

A. 乳酸→丙酮酸　　B. 葡萄糖-6-磷酸→果糖-6-磷酸

C. 磷酸烯醇式丙酮酸→丙酮酸　　D. 果糖-6-磷酸→果糖-1-6-磷酸

14. 氧化磷酸化的偶联部位不包括(　　)。

A. 复合体Ⅰ　　B. 复合体Ⅱ　　C. 复合体Ⅲ　　D. 复合体Ⅳ

15. 关于 ATP 合酶,下列叙述不正确的是(　　)。

A. 位于线粒体内膜,称复合体Ⅴ　　B. F_o中含有寡霉素敏感蛋白

C. F_1呈疏水性,嵌在线粒体内膜中　　D. F_o是 H^+ 通道

16. 关于线粒体内膜外 H^+ 浓度,下列叙述正确的是(　　)。

A. 浓度低于线粒体基质　　B. 浓度高于线粒体基质

C. 可自由进入线粒体　　D. 进入线粒体需主动转运

17. 在标准条件下,NADH 氧化呼吸链的磷氧比为(　　)。

A. 1　　B. 1.5　　C. 2　　D. 2.5

18. 在标准条件下,$FADH_2$氧化呼吸链的磷氧比为(　　)。

A. 1　　B. 1.5　　C. 2　　D. 2.5

19. 由琥珀酸脱下的一对氢,经呼吸链氧化可产生(　　)。

A. 1 分子 ATP 和 1 分子水　　B. 2 分子 ATP 和 2 分子水

C. 2.5 分子 ATP 和 1 分子水　　D. 1.5 分子 ATP 和 1 分子水

20. 1 分子丙酮酸彻底氧化生成水和二氧化碳可产生几分子 ATP?(　　)

A. 3　　B. 8　　C. 12.5　　D. 14

21. 能加快氧化磷酸化的物质是(　　)。

A. ATP　　B. ADP　　C. GTP　　D. UTP

22. 电子传递抑制剂会引起下列哪种效应?(　　)

A. 电子传递停止,ATP 合成停止　　B. 氧不断消耗,ATP 合成停止

C. 电子传递停止,ATP 正常合成　　D. 氧不断消耗,ATP 正常合成

23. 寡霉素属下列哪种抑制剂类型?(　　)

A. 电子传递抑制剂　　B. 解偶联剂

C. 氧化磷酸化抑制剂　　D. 离子载体抑制剂

24. 氧化磷酸化抑制剂会引起下列哪种效应?(　　)

A. 氧不断消耗,ATP 正常合成　　B. 氧消耗停止,ATP 合成停止

C. 氧不断消耗,ATP 合成停止　　D. 氧消耗停止,ATP 正常合成

25. 在发生氰化物中毒时,被抑制的细胞色素是(　　)。

A. 细胞色素 b　　B. 细胞色素 aa_3　　C. 细胞色素 c_1　　D. 细胞色素 c

26. 下列递氢体或递电子体中能被硫化氢抑制的是(　　)。

A. 黄素酶　　B. 细胞色素 b　　C. 细胞色素 aa_3　　D. 细胞色素 c

27. 解偶联剂会引起下列哪种效应?(　　)

A. 氧不断消耗,ATP 正常合成　　B. 氧消耗停止,ATP 合成停止

C. 氧不断消耗,ATP 合成停止　　D. 氧消耗停止,ATP 正常合成

28. 解偶联剂 2,4-二硝基苯酚的作用是(　　)。

A. 抑制电子在呼吸链上的传递,又抑制 ATP 生成

B. 不抑制电子在呼吸链上的传递,但抑制 ATP 生成

C. 抑制电子在呼吸链上的传递,不抑制 ATP 生成

D. 不抑制电子在呼吸链上的传递,又不抑制 ATP 生成

29. 线粒体电子能传递和氧化磷酸化解偶联的试剂是(　　)。

A. 2,4-二硝基苯酚　　B. 寡霉素

C. 一氧化碳　　D. 氰化物

30. 胞液和线粒体中的磷酸甘油脱氢酶的辅酶不同,分别为(　　)。

A. NAD^+ 和 FAD　　B. CoA 和 NAD^+

C. NAD^+ 和硫辛酸　　D. FAD 和 TPP

31. 肝细胞通过下列哪种转运系统将 NADH 从细胞质运至线粒体基质?(　　)

A. α-磷酸甘油穿梭系统　　B. 酰基肉碱转运系统

C. 苹果酸穿梭系统　　D. 柠檬酸穿梭系统

32. 肌肉细胞液中的 NADH 进入线粒体主要通过(　　)作用。

A. α-磷酸甘油穿梭　　B. 柠檬酸-丙酮酸循环

C. 肉碱穿梭　　D. 苹果酸穿梭

33. 下列哪个底物脱下的氢不被 FAD 接受?(　　)。

A. 脂酰辅酶 A　　B. β-羟脂酰 CoA　　C. 琥珀酸　　D. α-磷酸甘油

四、判断并改错

(　　)1. 有机酸脱羧是体内二氧化碳生成的主要方式。

(　　)2. 生物体内所有磷酸化合物都是高能化合物。

(　　)3. 呼吸链中铁硫蛋白和细胞色素都是电子传递体。

(　　)4. 呼吸链复合体Ⅲ、复合体Ⅳ都含有细胞色素 c。

(　　)5. 呼吸链复合体Ⅰ、复合体Ⅱ、复合体Ⅲ、复合体Ⅳ中都含有铁硫蛋白。

(　　)6. 1 对电子通过复合体Ⅰ、复合体Ⅲ和复合体Ⅳ产生相同的质子梯度。

(　　)7. 在呼吸链上,电子总是从低氧化还原电位向高氧化还原电位方向移动。

(　　)8. 化学渗透假说认为 ATP 合成的能量来自线粒体内膜两侧的质子梯度。

(　　)9. 呼吸链上电子传递是氧化磷酸化的前提。

(　　)10. 氧化磷酸化的速率取决于 ADP 的浓度,ADP 的浓度越低,氧化磷酸化速率越快。

(　　)11. 氰化物对人体的毒害作用是由于它具有解偶联作用。

(　　)12. 解偶联剂的作用是使呼吸链的氧化作用不能进行。

(　　)13. 解偶联剂作用于 F_oF_1-ATP 合酶导致质子内泄。

(　　)14. 细胞内 NADH 可自由穿过线粒体内膜。

(　　)15. α-磷酸甘油生成的 $FADH_2$ 经线粒体内膜上的复合体Ⅱ进入呼吸链。

五、简答题

1. 生物氧化与体外物质氧化有何异同?

2. 呼吸链是由哪些成分组成的? 各有何作用?

3. 为什么说辅酶 Q 在呼吸链中是一种特殊灵活的载体？
4. 铁硫蛋白和细胞色素是如何传递电子的？
5. 试述体内能量的生成方式以及水的生成。
6. 一对电子从 NADH 传递至氧是如何生成 2.5 个 ATP 的？
7. 一对电子从 $FADH_2$ 传递至氧可产生多少分子 ATP？为什么？
8. 化学渗透学说的要点是什么？
9. 简述 ATP 合酶的结构特点及功能。
10. 试述影响氧化磷酸化的因素及其作用机制。
11. 氰化物为什么能引起细胞窒息死亡？其解救机理是什么？
12. 甲状腺功能亢进的病人为什么会氧化磷酸化速率加快？
13. 试比较电子传递抑制剂、氧化磷酸化抑制剂和解偶联剂对生物氧化作用的影响。
14. 简述 DNP 的解偶联机制。生物体内解偶联过程有何生物学意义？
15. 线粒体外的物质脱氢是通过何种机制产生能量的？

六、计算题

1. 在一线粒体制剂中，在 CoA、氧气、ADP 和无机磷酸存在的情况下进行乙酰 CoA 的氧化。

(1) 当每 1 分子乙酰 CoA 转变成 2 分子 CO_2 时，将产生多少分子 ATP？

(2) 如在体系中加入安密妥，能产生多少 ATP？

(3) 如在体系中加入 DNP，产生的 ATP 是多少？

2. 在肝脏和心脏组织中，1 分子葡萄糖彻底氧化可提供几分子 ATP？写出主要反应过程。

参考答案

一、名词解释

1. 生物氧化是指糖、脂肪和蛋白质等营养物质在生物体内氧化分解，产生 CO_2 和 H_2O 同时释放能量的过程。

2. 高能化合物是指在标准条件下水解时释放大量自由能的化合物，一般释放的能量 ≥21 kJ/mol。

3. 呼吸链是由一系列的递氢反应和递电子反应按一定的顺序排列所组成的连续反应体系，它将代谢物脱下的成对氢原子交给氧生成水，同时生成 ATP。

4. 在底物氧化过程中，底物经过脱氢、脱羧、分子内原子重排、烯醇化反应形成某些高能中间代谢产物，随后通过酸促磷酸基因的转移反应直接偶联 ATP 的生成。这样的 ATP 生成方式称为底物水平磷酸化作用。

5. 氧化磷酸化作用是指底物脱下的氢经过电子传递链依次传递，最终与氧结合生成水，这个过程所释放的能量用于 ADP 磷酸化生成 ATP。

6. P/O 值是指当代谢物的一对电子经呼吸链氧化时，消耗无机磷的分子数与消耗的氧原子($1/2O_2$)数之比。

7. 凡能阻断呼吸链中某一部位电子传递的物质统称为电子传递抑制剂，它可抑制 ATP 的合成。

8. 能够通过作用于 F_oF_1-ATP 合酶抑制 ATP 的形成，从而使电子传递阻断和氧利用停止的物质被称为氧化磷酸化抑制剂，如寡霉素等。

9. 解偶联剂是指可使电子传递过程和 ATP 合成过程分离的物质。它只抑制 ATP 的合成过程，不抑制电子的传递过程，且会刺激线粒体对氧的消耗，电子传递所产生的自由能变为热能。

10. 在肌肉和大脑中，胞液中的 NADH 和磷酸二羟丙酮反应生成 α-磷酸甘油，磷酸甘油进入线粒体重新生成磷酸二羟丙酮，并且把氢交给 FAD 生成 $FADH_2$，并进入呼吸链彻底氧化，这一过程被称为 α-磷酸甘油穿梭作用。

11. 在肝脏和心脏等组织中，胞液中 NADH 和草酰乙酸发生反应生成苹果酸，苹果酸进入线粒体重新生成草酰乙酸，同时把氢交给 NAD^+ 生成 NADH，NADH 进入 NADH 呼吸链进行氧化供能，这一过程被称为苹果酸穿梭作用。

二、填空题

1. 线粒体内膜　细胞膜

2. 异咯嗪环

3. Fe_2S_2　Fe_4S_4　半胱氨酸

4. 辅酶 Q 或 CoQ　细胞色素 c 或 Cyt c

5. 细胞色素 c 氧化酶或末端氧化酶　还原性的细胞色素 c　O_2

6. NADH 呼吸链　$FADH_2$ 呼吸链

7. 复合体Ⅰ　复合体Ⅲ　复合体Ⅳ　4　4　2

8. 底物水平磷酸化　氧化磷酸化

9. 还原　氧化

10. 化学渗透假说　米切尔或 Peter Mitchell　1961

11. 当代谢物的一对电子经呼吸链氧化时，消耗无机磷的分子数与消耗的氧原子($1/2O_2$)数之比。

12. F_o　F_1　F_o　F_1

13. 氧化作用　磷酸化作用

14. α-磷酸甘油穿梭作用　苹果酸-天冬氨酸穿梭作用　$FADH_2$　NADH　1.5　2.5

三、单项选择题

1. C　2. C　3. D　4. D　5. C　6. B　7. B　8. A　9. D　10. D　11. B　12. B　13. C
14. B　15. C　16. B　17. D　18. B　19. D　20. C　21. B　22. A　23. C　24. B　25. B
26. C　27. C　28. B　29. A　30. A　31. C　32. A　33. B

四、判断并改错

1. √。

2. ×，生物体内有的磷酸化合物(如 AMP)不是高能化合物。

3. √。

4. ×，细胞色素 c 作为一种可溶性的流动的电子传递体，不属于任何复合体。

5. ×，复合体Ⅳ中不含铁硫蛋白。

6. ×，1 对电子经过复合体Ⅰ、Ⅲ和Ⅳ分别产生 4 个质子梯度、4 个质子梯度和 2 个质子梯度。

7. √。

8. √。

9. √。

10. ×，ADP 浓度升高，氧化磷酸化速率加快。

11. ×，氰化物是一种电子传递抑制剂，而非解偶联剂。

12. ×，解偶联剂的作用是使电子传递和氧化磷酸化两个过程分离，结果是电子传递失去控制，氧消耗增加，ATP 却不能合成。

13. ×，解偶联剂消耗质子梯度，与 F_oF_1-ATP 合酶无关。

14. ×，细胞内 NADH 不能自由穿过线粒体内膜，需要利用某些化合物携带 H^+。

15. ×，复合体Ⅱ的主要成分是琥珀酸脱氢酶，甘油-α-磷酸不能作为它的底物，因此不可能通过它进入呼吸链，而是通过内膜上的其他成分进入呼吸链。

五、简答题

1. 相同点：在体内外氧化时，物质所消耗的氧量、最终产物以及释放的总能量是相同的。

不同点：生物氧化是在细胞内温和的环境(常温、常压、近中性 pH 及有水的环境)中，在一系列酶的催化下逐步进行的，能量逐步释放，且部分能量以 ATP 形式储存，有机酸脱羧产生 CO_2，底物脱下的氢经呼吸链传递生成 H_2O。

体外氧化是在高温、干燥条件下进行的剧烈反应，能量爆发式释放，且释放的能量以光和热的形式散发于环境中，CO_2 和 H_2O 是由碳和氢直接与氧结合生成。

2. 其主要由四大类成分组成：①FMN 或 FAD 为辅基的脱氢酶，传递氢；②铁硫蛋白，传递电子；③CoQ类，传递氢；④细胞色素体系，是一类以铁卟啉为辅基的结合蛋白，传递电子，电子在细胞色素中的传递顺序为 $b \to c_1 \to c \to aa_3$。

3. 辅酶Q是呼吸链中唯一的非蛋白质组分，其结构中含有由数目不同的类异戊二烯组成的侧链，所以它是非极性分子，可以在线粒体内膜的疏水相中快速扩散，也有的CoQ结合于内膜上。另外，它是呼吸链中唯一不与蛋白质紧密结合的传递体，可以在黄素蛋白和细胞色素类物质之间作为一种特殊灵活的载体而起作用。

4. 铁硫蛋白和细胞色素传递电子的方式是相同的，都是通过铁的化合价转变，即 Fe^{2+} 和 Fe^{3+} 的互变来进行电子的传递。这两类蛋白质的差别在于细胞色素中的铁是血红素铁，铁与血红素分子紧密结合；铁硫蛋白中的铁为非血红素铁与无机硫和蛋白质中半胱氨酸的硫原子结合在一起，形成一个铁硫中心。

5. ATP的生成有两种方式：底物水平磷酸化作用和氧化磷酸化作用（两者概念略），其中后者是主要的。

体内水的生成方式主要是通过呼吸链生成水，即代谢物脱下的氢经呼吸链传递，最终与激活的氧化合成水，除此以外，就是底物直接脱水。

6. 当每对电子通过NADH呼吸链中的复合体Ⅰ、复合体Ⅲ和复合体Ⅳ时，其分别有4个 H^+、4个 H^+ 和2个 H^+ 从基质泵出，导致线粒体内膜两侧形成跨膜的质子梯度。这些质子通过ATP合酶返回基质时能够促使ATP合成。已知每3个 H^+ 通过ATP合酶可促使1分子ATP合成，同时，产生的ATP从线粒体基质进入胞质需消耗1个 H^+，所以每形成1个ATP需4个 H^+ 从膜间腔回流至基质，这样一对电子从NADH传递至氧共生成2.5个ATP[(4+4+2)/4]。

7. 一对电子从 $FADH_2$ 传递至氧产生1.5个ATP。由于 $FADH_2$ 所携带的电子通过复合体Ⅱ进入呼吸链传递，不经过呼吸链复合体Ⅰ，当一对电子从 $FADH_2$ 传递至氧时，其只有在经过复合体Ⅲ和复合体Ⅳ时，才泵出6(4+2)个 H^+ 到膜间腔侧，而合成1分子ATP需4个 H^+ 从膜间腔回流至基质，故形成1.5个ATP[(4+2)/4]。

8. 化学渗透学说的要点：①呼吸链中的各递氢体和递电子体按特定的顺序排列在线粒体内膜上；②呼吸链中的复合体Ⅰ、复合体Ⅲ和复合体Ⅳ都具有质子泵的作用，在传递电子的过程中将 H^+ 泵至内膜，所以呼吸链的电子传递系统是一个主动运输质子的体系；③质子不能自由通过线粒体内膜，泵至膜外的 H^+ 不能自由返回膜内侧，使膜内外形成 H^+ 浓度的跨膜梯度；④线粒体内膜上有ATP合酶，当质子通过ATP合酶返回线粒体基质时，释放出自由能，驱动ADP和Pi合成ATP。

9. ATP合酶主要有两个功能单位：F_1 和 F_o。

①F_1 由5种亚基组成(α_3，β_3，γ，δ，ε)，是一种可溶性的膜周边蛋白，具有催化ATP合成的功能。其中，α 亚基和 β 亚基上有ADP和ATP结合位点。β 亚基为催化亚基，当其单独存在时，不具有ATP合酶的作用，但能使ATP水解。

②F_o 是由多亚基组成的不溶于水的跨膜蛋白，含有大量的疏水性氨基酸，在内膜中形成了跨膜的质子通道，便于膜间腔中的质子回流至基质。

10. ①呼吸链抑制剂：鱼藤酮、杀粉蝶菌素、安密妥与复合体Ⅰ中的铁硫蛋白结合，抑制电子传递，抗霉素A、二巯基丙醇抑制复合体Ⅲ，一氧化碳、氰化物、叠氮化物、硫化氢抑制复合体Ⅳ。

②解偶联剂：该类典型代表是2,4-二硝基苯酚。在线粒体内膜外侧pH较低，2,4-二硝基苯酚的羟基不能解离，可自由进入线粒体；进入线粒体后，2,4-二硝基苯酚的羟基解离带负电荷。1分子2,4-二硝基苯酚进入线粒体就相当于从内膜外侧带入线粒体内1个H^+，破坏了内膜两侧的H^+梯度，使ATP不能合成，而电子传递继续进行，导致电子传递的氧化和磷酸化两个过程分离。

③氧化磷酸化抑制剂：寡霉素可阻止质子从F_0质子通道回流，抑制磷酸化并间接抑制电子在呼吸链上传递。

④ADP的调节作用：ADP浓度升高，氧化磷酸化速率加快，反之，氧化磷酸化速率减慢。

⑤甲状腺素：诱导细胞膜Na^+-K^+-ATP酶生成，加速ATP分解为ADP，促进氧化磷酸化。

11. 因为氰化物中的CN^-与氧化型细胞色素氧化酶中的铁有很强的亲和力（与Fe^{3+}以配位键结合），即使氰化物浓度很低，也能与细胞色素氧化酶结合，使其失去传递电子给氧的功能，导致呼吸链中断，细胞因窒息而死亡。

氰化物中毒是由CN^-同细胞色素氧化酶中的Fe^{3+}结合所导致的，那么应提供大量的Fe^{3+}来中和CN^-，从而阻止或逆转这一结合。亚硝酸钠在体内可以将血红蛋白上的血红素辅基的Fe^{2+}氧化为Fe^{3+}，且当高铁血红蛋白含量达到20%～30%时，高铁血红蛋白（Fe^{3+}）也可以和CN^-结合，竞争性抑制了CN^-与细胞色素aa_3的结合，从而使Cyt aa_3的活力恢复。但只与Cyt aa_3竞争CN^-是不够的，CN^-仍停留在体内，可以使用硫代硫酸钠将氰变性血红素转化为变性血红素和毒性较小的硫氰酸根（SCN^-，只有CN^-毒性的1/200）并随尿液排出，在解救氰化物中毒时，我们常采用同时服用亚硝酸钠和硫代硫酸钠的方法。

12. 甲状腺功能亢进简称甲亢，病人的甲状腺素分泌增加，通过活化细胞膜上的Na^+-K^+-ATP酶，促进钠的主动转运，导致大量ATP分解成ADP；由于ADP进入线粒体的数目增加，氧化磷酸化速率加快，ATP的生成和分解均有所增加，机体耗氧量和产热量都增加，所以病人的基础代谢率增高，出现怕热多汗等临床症状。

13. ①电子传递抑制剂使电子传递链的某一部位阻断，电子不能传递，氧的消耗停止，同时ATP的合成停止。②氧化磷酸化抑制剂的作用位点在ATP合酶，ATP合酶被抑制，而不能合成ATP，结果电子传递也被抑制，氧消耗停止。③解偶联剂的作用是电子传递和氧化磷酸化两个过程被分离，从而导致电子传递失去控制，氧消耗增加，ATP却不能合成，产生的能量以热的形式散失，使体温升高。

14. 2,4-二硝基苯酚（DNP）是一种疏水性物质，可以在膜中自由移动；它又是一种弱酸，在线粒体内膜外侧pH较低环境下，DNP的羟基不能解离，可自由进入线粒体；进入基质后，DNP的羟基解离释放出H^+，即将线粒体内膜外侧的质子运回膜内侧，破坏了跨膜质子梯度，从而使线粒体失去了推动氧化磷酸化的驱动力，ATP不能合成。由于DNP不影响电子传递链本身的功能，当DNP存在时，线粒体电子传递可以照常进行。

生物体内存在解偶联作用是由解偶联蛋白完成的。其生物学意义主要是新生动物和冬眠动物能自发产生热量，保持体温。

15. ①在肌肉和大脑中，胞液中的NADH和磷酸二羟丙酮反应生成α-磷酸甘油，磷酸甘油进入线粒体，重新生成磷酸二羟丙酮，并且把氢交给FAD生成$FADH_2$，$FADH_2$进入$FADH_2$呼吸链进行氧化，这种过程叫作α-磷酸甘油穿梭作用。1个NADH通过α-磷酸甘油穿梭作用产生 1.5 分子 ATP。

②在肝脏和心脏等组织中，胞液中 NADH 和草酰乙酸发生反应生成苹果酸，苹果酸进入线粒体重新生成草酰乙酸，同时把氢交给 NAD^+ 生成 NADH，NADH 进入 NADH 呼吸链进行氧化供能，这种过程叫作苹果酸穿梭作用。1 个 NADH 通过苹果酸穿梭作用产生 2.5 分子 ATP。

六、计算题

1.(1)每 1 分子乙酰 CoA 经三羧酸循环转变成 2 分子 CO_2 时，可产生 3 分子 NADH、1 分子 $FADH_2$、1 分子 GTP(ATP)，1 分子 NADH 和 1 分子 $FADH_2$ 经呼吸链彻底氧化分别可产生 2.5 分子和 1.5 分子的 ATP，所以最终产生的 ATP 数是：3×2.5＋1.5＋1＝10 分子。

(2)安密妥是一种电子传递抑制剂，可特异抑制复合体Ⅰ中的电子传递，因此 NADH 无法进入呼吸链供能，所以产生的 ATP 数是 1.5＋1＝2.5 分子。

(3)DNP 具有解偶联作用，会导致 NADH 呼吸链和 $FADH_2$ 呼吸链都不能产生 ATP，只有琥珀酰 CoA 水解生成琥珀酸，才产生 1 分子 GTP，所以在此条件下产生的 ATP 数是 1 分子 ATP。

2.在肝脏和心脏组织中，1 分子葡萄糖彻底氧化可提供 32 分子 ATP。其具体过程如下。

(1)胞液中　①在葡萄糖激酶作用下，1 分子葡萄糖生成 1 分子葡萄糖-6-磷酸，消耗 1 分子 ATP；②在磷酸果糖激酶作用下，1 分子果糖-6-磷酸生成 1 分子果糖 1,6-磷酸，消耗 1 个分子 ATP；③甘油醛-3-磷酸脱氢酶催化 2 分子甘油醛-3-磷酸脱氢产生 2 分子 NADH，在肝脏和心脏组织中，通过苹果酸穿梭作用进入线粒体重新生成 2 分子 NADH(2×2.5)；④在磷酸甘油酸激酶作用下，2 分子甘油酸-1,3-二磷酸生成 2 分子甘油醛-3-磷酸，产生 2 分子 ATP；⑤在丙酮酸激酶作用下，2 分子磷酸烯醇式丙酮酸生成 2 分子丙酮酸，产生 2 分子 ATP。

(2)线粒体中　首先，在丙酮酸脱氢酶系催化下，2 分子丙酮酸生成 2 乙酰 CoA 和 2NADH(2×2.5)；其次，2 分子乙酰 CoA 进入三羧酸循环，其产能过程如下。

①在异柠檬酸脱氢酶作用下，异柠檬酸脱下两个氢生成 α-酮戊二酸和 NADH＋H^+(2×2.5)；②在 α-酮戊二酸脱氢酶系作用下，α-酮戊二酸脱氢生成琥珀酰 CoA 和 NADH＋H^+(2×2.5)；③在琥珀酰 CoA 合成酶作用下，琥珀酰 CoA 水解生成琥珀酸，产生 1 分子 GTP(2×1)；④在琥珀酸脱氢酶作用下，琥珀酸脱氢生成延胡索酸和 $FADH_2$(2×1.5)；⑤在苹果酸脱氢酶催化下，苹果酸脱氢生成草酰乙酸和 NADH＋H^+(2×2.5)。

1 分子 NADH 进入 NADH 呼吸链氧化可提供 2.5 分子 ATP，而 1 分子 $FADH_2$ 进入 $FADH_2$ 呼吸链氧化可提供 1.5 分子 ATP，2 分子乙酰 CoA 彻底氧化生成 CO_2 和 H_2O，可提供 20 分子 ATP(3×2.5＋1.5＋1)×2。

所以共产生 ATP：2＋2－2＋5＋5＋20＝32。

第八章　脂类代谢

一、名词解释

1. 脂类　　2. 必需脂肪酸　　3. 脂肪动员
4. 激素敏感性脂肪酶　　5. 脂肪酸的 β-氧化作用　　6. 酮体
7. 柠檬酸-丙酮酸循环　　8. ACP　　9. 磷脂
10. 溶血磷脂　　11. 血脂　　12. 载脂蛋白
13. 乳糜微粒　　14. VLDL

二、填空题

1. ________是动物主要的能源贮存形式，是由 1 分子________与 3 分子________酯化而成的。

2. 必需脂肪酸是动物合成________、________和________的必需成分。

3. 脂肪动员是将脂肪细胞中的脂肪水解成________和________释放入血，运输到其他组织器官氧化利用。

4. 脂肪动员产生的甘油可以经过________和________，转化为________进入糖代谢进行彻底氧化。

5. 脂肪酸的 β-氧化反应，首先需要将脂肪酸活化，该过程由________催化，产物是________，消耗________个高能磷酸键。

6. 在脂肪酸分解过程中，长链脂酰 CoA 进入线粒体须由________携带；脂肪酸合成过程中，线粒体中的乙酰 CoA 进入胞液需由________携带。

7. 乙酰 CoA 的去路有________、________、________和________等。

8. 在脂肪酸 β-氧化过程中，脂肪酸的活化在________中进行，其后的氧化过程在________中进行。

9. 脂肪酸 β-氧化的主要限速步骤是________进入线粒体，催化此反应的限速酶是________，其活性受________和________的调控。

10. 除了 β-氧化方式，脂肪酸还可进行________和________，其中________对清除海面石油污染很重要。

11. 体内丙酸代谢过程：先变为________，随后羧化生成________，再经变位酶催化生成________，最后进入三羧酸循环或糖异生途径。

12. 酮体合成的限速酶是________，该反应除在哺乳动物肝脏线粒体中进行，________也是一个重要的反应场所。

13. 酮体的生成主要在________，但其利用需要在________。

14. 机体合成脂肪的主要部位是________和________，主要原料是________和________。

15. 脂肪酸从头合成的基本原料是________和________，先合成16碳的________，再转化为其他种类脂肪酸。

16. 催化脂肪酸合成的限速酶是________，该酶以________为辅基，催化________与________生成丙二酸单酰CoA。

17. 软脂酸的合成在________中进行，而催化生成更长碳链脂肪酸的酶存在于________或________中。

18. 脂肪的生物合成有两条途径，分别是________和________。

19. 甘油和脂肪酸的活化形式分别为________和________。

20. 胆固醇生物合成的基本原料是________和________。

21. 胆固醇生物合成在细胞的________中进行，关键酶是________。

22. 参与卵磷脂、脑磷脂生物合成的三磷酸核苷是________和________。

23. 磷脂酶包括5种，分别被命名为________、________、________、________和________。

24. 在磷脂酰乙醇胺转变成磷脂酰胆碱的过程中，甲基供体是________。

25. 常用的两种血浆脂蛋白分类方法是________和________。

26. 血浆脂蛋白主要由________、________、________和________组成，前两者位于表面，后两者位于其内部。

27. ________是机体胆固醇的“清扫机”，其血浆水平和心血管疾病的发生呈反相关。

28. 甘油三酯在能量代谢方面具有的特点：________、________和________。

29. 当动物发生肠梗阻时，脂肪消化吸收发生障碍，同时会伴有________吸收障碍，造成维生素缺乏病。

三、单项选择题

1. 脂肪分解的限速酶是（　　）。

A. 核苷酸酶　　B. 甘油二酯脂肪酶

C. 甘油一酯脂肪酶　　D. 激素敏感性脂肪酶

2. β-氧化的酶促反应顺序为（　　）。

A. 脱氢　再脱氢　加水　硫解　　B. 脱氢　加水　再脱氢　硫解

C. 脱氢　脱水　再脱氢　硫解　　D. 加水　脱氢　硫解　再脱氢

3. 线粒体基质中脂酰 CoA 脱氢酶的辅酶是( )。
A. FAD B. $NADP^+$ C. NAD^+ D. GSSG
4. 脂肪酸活化后，下列哪种酶不参与 β-氧化？( )
A. β-酮脂酰还原酶 B. β-羟脂酰辅酶 A 脱氢酶
C. β-烯酰辅酶 A 水化酶 D. β-酮脂酰辅酶 A 硫解酶
5. 在下列物质中，促进脂肪酸 β-氧化的是( )。
A. 丙酮酸 B. 柠檬酸 C. 丙二酰 CoA D. 肉碱
6. 在脂肪酸 β-氧化途径中，脂肪酸的活化形式是( )。
A. 丙二酰 CoA B. 脂酰 CoA C. β-羟丁酸 D. 乙酰乙酰 CoA
7. 含 $2n$ 个碳原子的饱和脂酸经 β-氧化分解，可生成的 $FADH_2$ 数是( )。
A. $2n$ 个 B. n 个 C. $n+1$ 个 D. $n-1$ 个
8. 脂肪酸彻底氧化的产物是( )。
A. 乙酰 CoA B. 脂酰 CoA
C. H_2O、CO_2 及释出的能量 D. 乙酰 CoA 及 $FADH_2$、$NADH+H^+$
9. 关于脂肪在体内氧化分解过程，下列叙述错误的是( )。
A. β-氧化中的氢受体为 NAD^+ 和 FAD
B. 含 16 个碳原子的软脂酸经过 8 次 β-氧化
C. 脂酰 CoA 需转运入线粒体
D. β-氧化的 4 步反应为脱氢、加水、再脱氢和硫解
10. 脂肪酸合成需要的 $NADPH+H^+$ 主要来源于( )。
A. TCA B. EMP C. 磷酸戊糖途径 D. 以上都不是
11. 脂肪细胞合成甘油三酯所需的 3-磷酸甘油主要来源于( )。
A. 糖酵解 B. 糖异生 C. 脂肪动员 D. 氨基酸转化
12. 下列哪种辅助因子参与脂肪酸的 β-氧化？( )
A. ACP B. FMN C. 生物素 D. NAD^+
13. 甘油氧化分解及其异生成糖的共同中间产物是( )。
A. 丙酮酸 B. 磷酸烯醇式丙酮酸
C. 3-磷酸甘油酸 D. 磷酸二羟丙酮
14. 导致脂肪肝的主要原因是( )。
A. 食入脂肪过多 B. 食入过量糖类食品
C. 肝内脂肪合成过多 D. 肝内脂肪分解障碍
15. 饥饿时能通过分解代谢产生酮体的物质是( )。
A . 核苷酸 B. 脂肪酸 C. 氨基酸 D. 葡萄糖
16. 酮体生成过多的主要原因是( )。
A. 摄入脂肪过多 B. 肝内脂肪代谢紊乱
C. 脂肪运转障碍 D. 糖供给不足或利用障碍
17. 肝脏不能利用酮体的原因是肝脏缺少( )。
A. HMGCoA 合成酶 B. HMGCoA 还原酶
C. 乙酰乙酸-琥珀酰 CoA 转移酶 D. 硫解酶

18. 酮体利用时所需的辅助因子是(　　)。

A. $VitB_1$　　B. $NADP^+$　　C. 辅酶 A　　D. $VitB_6$

19. 关于脂肪酸合成,下列叙述不正确的是(　　)。

A. 在胞液中进行

B. 基本原料是乙酰 CoA 和 $NADPH+H^+$

C. 关键酶是乙酰 CoA 羧化酶

D. 脂肪酸合成过程中碳链延长须乙酰 CoA 直接提供乙酰基

20. 非反刍动物合成脂肪酸的乙酰 CoA 主要来自(　　)。

A. 糖的分解代谢　　B. 脂肪酸的分解代谢

C. 胆固醇的分解代谢　　D. 生酮氨基酸的分解代谢

21. 在反刍动物中,除磷酸戊糖途径产生 NADPH,胞液中的哪种物质也可脱氢产生 NADPH(　　)。

A. 异柠檬酸　　B. 苹果酸　　C. 琥珀酸　　D. 草酰乙酸

22. 在脂肪酸合成中,将乙酰 CoA 从线粒体内转移到细胞质中的化合物是(　　)。

A. 乙酰 CoA　　B. 草酰乙酸　　C. 柠檬酸　　D. 琥珀酸

23. 在脂肪酸合成中,乙酰 CoA 出线粒体的机制是(　　)。

A. 柠檬酸-丙酮酸循环　　B. 苹果酸-天冬氨酸穿梭

C. 三羧酸循环　　D. α-磷酸甘油穿梭

24. 在动物体内,催化脂肪酸脱饱和的酶存在于(　　)。

A. 线粒体　　B. 内质网　　C. 胞液　　D. 微粒体

25. 为了使长链脂酰基从胞浆转运到线粒体内进行脂酸的 β-氧化,所需要的载体为(　　)。

A. 柠檬酸　　B. 肉碱　　C. 酰基载体蛋白　　D. α-磷酸甘油

26. 有关脂肪酸从头合成,下列叙述正确的是(　　)。

A. 它并不利用乙酰 CoA

B. 它仅仅能合成少于 10 个碳原子的脂酸

C. 它需要丙二酸单酰 CoA 作为二碳直接供体

D. 它主要发生在线粒体内

27. 由乙酰 CoA 在胞质内合成 1 分子硬脂酸(18C)需要 NADPH 的分子数为(　　)。

A. 14 分子　　B. 16 分子　　C. 7 分子　　D. 18 分子

28. 在下列原核生物叙述的酶中,哪种酶以多酶复合体形式存在?(　　)

A. ACP-转酰基酶　　B. 丙二酰单酰 CoA-ACP-转酰基酶

C. 脂肪酸合成酶　　D. β-羟脂酰-ACP 脱水酶

29. 在由甘油-3-磷酸和脂酰 CoA 合成甘油三酯过程中,生成的第一个中间产物是(　　)。

A. 2-甘油单酯　　B. 1,2-甘油二酯

C. 溶血磷脂　　D. 磷脂酸

30. 当脂肪大量动员时,肝内生成的乙酰 CoA 主要转变为(　　)。

A. 葡萄糖　　B. 酮体　　C. 胆固醇　　D. 草酰乙酸

31. 在合成酮体和胆固醇过程中，一种共同的中间产物是（　　）。

A. 乙酰 CoA　B. NADPH＋H^+　C. HMGCoA　D. 乙酰乙酰 CoA

32. 与载脂蛋白相连的血浆脂质不包括（　　）。

A. 磷脂　B. 胆固醇　C. 甘油三酯　D. 游离脂肪酸

33. 下列哪种物质不属于合成脑磷脂、卵磷脂的共同原料？（　　）

A. S-腺苷蛋氨酸　B. 脂肪酸

C. 丝氨酸　D. α-磷酸甘油

34. 合成脑磷脂需要的物质是（　　）。

A. CDP-乙醇胺　B. CDP-胆碱　C. UDP-胆碱　D. UDP-乙醇胺

35. 胆固醇在体内不能转变生成的是（　　）。

A. 维生素 D_3　B. 胆汁酸　C. 胆色素　D. 雌二醇

36. 直接参与胆固醇生物合成的物质是（　　）。

A. $NADP^+$　B. ADP　C. NADPH　D. UTP

37. 体内合成胆固醇的主要原料是（　　）。

A. 乙酰辅酶 A　B. 乙酰乙酰辅酶 A

C. 丙酰辅酶 A　D. 草酰乙酸

38. 正常血浆脂蛋白按密度低→高顺序的排列为（　　）。

A. CM→VLDL→HDL→LDL　B. CM→VLDL→LDL→HDL

C. VLDL→CM→LDL→HDL　D. VLDL→LDL→CM→HDL

39. 电泳法分离血浆脂蛋白时，从正极→负极依次顺序的排列为（　　）。

A. CM→VLDL→LDL→HDL　B. VLDL→LDL→HDL→CM

C. HDL→LDL→VLDL→CM　D. HDL→VLDL→LDL→CM

40. 胆固醇含量最高的脂蛋白是（　　）。

A. 乳糜微粒　B. 极低密度脂蛋白

C. 高密度脂蛋白　D. 低密度脂蛋白

41. 下列脂蛋白形成障碍与脂肪肝形成密切相关的是（　　）。

A. CM　B. HDL　C. LDL　D. VLDL

42. 血浆中运输内源性胆固醇的脂蛋白是（　　）。

A. CM　B. VLDL　C. LDL　D. HDL

43. 能够逆向转运胆固醇到肝的脂蛋白是（　　）。

A. CM　B. LDL　C. VLDL　D. HDL

44. 将肝外组织细胞的胆固醇转运至肝内的脂蛋白是（　　）。

A. CM　B. VLDL　C. LDL　D. HDL

45. 转运肝内合成的胆固醇至全身组织的脂蛋白是（　　）。

A. CM　B. VLDL　C. LDL　D. HDL

46. 运输内源性甘油三酯的脂蛋白是（　　）。

A. VLDL　B. LDL　C. CM　D. HDL

四、判断并改错

(　　)1. 甘油在甘油激酶的催化下生成 α-磷酸甘油，反应消耗 ATP，为可逆反应。
(　　)2. 只有偶数碳原子的脂肪，才能经 β-氧化降解成乙酰 CoA。
(　　)3. 脂肪酸 β-氧化酶系存在于胞浆中。
(　　)4. *L*-肉毒碱可抑制脂肪酸的氧化分解。
(　　)5. 脂肪酸的 β-氧化和 α-氧化都是从羧基端开始的。
(　　)6. 当糖供应不足时，酮体可以代替部分葡萄糖，成为脑组织和肌肉组织的重要能源。
(　　)7. 在脂肪酸从头合成中，将糖代谢生成的乙酰 CoA 从线粒体内转移到胞液中的化合物是苹果酸。
(　　)8. 酰基载体蛋白（ACP）负责脂肪酸从线粒体到胞液的转运。
(　　)9. 在动物细胞中，涉及 CO_2 固定的所有羧化反应需要硫胺素焦磷酸（TPP）。
(　　)10. 脂肪酸的从头合成需要 $NADPH+H^+$ 作为还原反应的供氢体。
(　　)11. 泛酸的主要生理功能是构成辅酶 A 和酰基载体蛋白，并通过它们在代谢中发挥作用。
(　　)12. 机体首先经从头合成途经生成十碳的饱和脂肪酸，然后经过加工生成各种脂肪酸。
(　　)13. 饱和脂肪酸的脱饱和作用是在内质网上，去饱和酶系的作用下完成的。
(　　)14. 长链脂酰 CoA 不能竞争抑制乙酰 CoA 羧化酶，故无反馈抑制现象。
(　　)15. 胆固醇作为生物膜的主要成分，可调节膜的流动性，因为胆固醇是两性分子。

五、完成反应方程式

1. 脂肪酸＋ATP＋CoA ⟶（　　　　　　　　）＋（　　　　　　　　）＋PPi
催化此反应的酶是（　　　　　　　　）。
2. 甘油＋ATP ⟶（　　　　　　　　）＋ADP
催化此反应的酶是（　　　　　　　　）。
3. 脂酰 CoA＋（　　　　　　　　）⟶烯脂酰 CoA＋（　　　　　　　　）
催化此反应的酶是（　　　　　　　　）。
4. 酮脂酰 CoA＋HS－CoA ⟶脂酰 CoA（少了 2C）＋（　　　　　　　　）
催化此反应的酶是（　　　　　　　　）。
5. 乙酰 CoA＋CO_2＋ATP ⟶（　　　　　　　　）＋ADP＋Pi
催化此反应的酶是（　　　　　　　　）。
6. 丙酰 CoA＋CO_2＋ATP＋Mg^{2+}＋生物素⟶（　　　　　　　　）＋ADP＋Pi
催化此反应的酶是（　　　　　　　　）。
7. 乙酰乙酰 CoA＋（　　　　　　　　）⟶HMGCoA
催化此反应的酶是（　　　　　　　　）。

8. 甘油二酯＋脂酰 CoA ⟶(　　　　　　　　　　)＋HSCoA
催化此反应的酶是(　　　　　　　　　　)。

六、简答题

1. 简述脂类的生理功能。
2. 动物体内的甘油去路有哪些?
3. 试述脂肪酸的 β-氧化过程。
4. 什么是酮体? 酮体是怎样形成的? 有哪些重要的生物学意义?
5. 简述奶牛酮病发病的生化机理。
6. 在脂肪酸合成中,乙酰 CoA 羧化酶起什么作用? 乙酰 CoA 羧化酶受哪些因素调控?
7. 为什么人摄入过多的糖容易长胖?
8. 什么是血脂? 简述血脂的主要来源。
9. 草酰乙酸如何完成在线粒体膜内外的转运?
10. 试述 HMG-CoA 在脂质代谢中的作用。
11. 什么是血浆脂蛋白? 它们的来源及主要功能是什么?
12. 简述载脂蛋白的生理功能。
13. 试述脂肪代谢如何进行调节。
14. 食用含奇数碳链的脂肪酸和含偶数碳链的脂肪酸对机体的作用有什么不同?
15. 试比较脂肪酸 β-氧化与脂肪酸生物合成的差异。
16. 乙酰 CoA 可进入哪些代谢途径? 请列出。

七、计算与论述题

1. 1 mol 软脂酸完全氧化成 CO_2 和 H_2O,可生成多少摩尔 ATP? 若 1 mol 软脂酸完全氧化时的 $\Delta G^{\theta\prime}=9\ 791$ kJ,试求软脂酸完全氧化分解的能量转化效率。

2. 1 分子甘油完全氧化成 CO_2 和 H_2O 时可净生成多少分子 ATP? 假设在胞液中生成 NADH 都通过磷酸甘油穿梭进入线粒体。

八、综合题

1. 单位重量的脂肪酸产能(ATP)效率是葡萄糖的约 2.3 倍,即脂肪氧化效率高于葡萄糖,那么机体可以由脂肪取代葡萄糖成为首要的供能物质吗? 请从糖、脂的代谢特点及两者的代谢转化等方面分析原因。

参考答案

一、名词解释

1. 脂类是动物体必需的一类有机化合物，其共同特点是不溶于水而易溶于有机溶剂，在动物体内分布广泛，具有多种重要的生理功能。脂类可以分为脂肪及类脂两大类。

2. 动物体不能合成或合成量太少不能满足生理活动的需要，必须从食物或饲料中摄取的多不饱和脂肪酸称为必需脂肪酸，其主要有亚油酸、亚麻油酸和花生四烯酸。

3. 动物体内的脂肪在脂肪酶作用下，逐步水解，释放出游离脂肪酸和甘油供其他组织细胞氧化利用的过程叫作脂肪动员。

4. 激素敏感性脂肪酶又称脂肪酶，催化脂肪分解为游离脂肪酸和甘油，是脂肪分解的限速酶，它的活性受多种激素的调节。

5. 脂肪酸的β-氧化作用是指脂肪酸在一系列酶的作用下，在α碳原子和β碳原子之间断裂，生成含2个碳原子的乙酰CoA和比原来少2个碳原子的脂肪酸。

6. 酮体是指脂肪酸在肝脏中经不完全氧化分解产生的一类中间产物，包括乙酰乙酸、β-羟基丁酸和丙酮。酮体经血液运输至肝外组织氧化利用，是肝脏向肝外输出能量的一种方式。

7. 在线粒体内，乙酰CoA与草酰乙酸缩合生成柠檬酸，后者进入胞液裂解产生乙酰CoA及草酰乙酸，其中前者可被用于合成脂肪酸，后者可返回线粒体补充合成柠檬酸时的消耗，该过程被称为柠檬酸-丙酮酸循环。

8. ACP是酰基载体蛋白的缩写，其活性基团是巯基，在脂肪酸生物合成过程中起到传递脂酰基的作用。

9. 含磷酸的脂类称为磷脂，广泛分布于机体各组织细胞，是生物膜的重要组分，对脂类的吸收及转运等都起重要作用。磷脂可分为甘油磷脂和鞘磷脂两类。

10. 溶血磷脂是各种甘油磷脂经水解脱去一个脂酰基后的产物，是一类具有较强表面活性，能使红细胞及其他细胞膜破裂，引起溶血或细胞坏死的物质。

11. 血脂是血浆中脂类物质的总称，它包括甘油三酯、胆固醇、胆固醇酯、磷脂和游离脂肪酸等。临床上常用的血脂指标是甘油三酯和胆固醇。

12. 载脂蛋白是一类能与血浆脂质（主要是指胆固醇、甘油三酯和磷脂）结合的蛋白质，是构成血浆脂蛋白的主要成分，按发现的先后顺序分为A、B、C、E等，能起到运载脂质、识别脂蛋白受体、调节血浆脂蛋白代谢酶活性的作用。

13. 乳糜微粒由小肠黏膜细胞合成，经淋巴系统吸收入血。其功能是运输外源性甘油三酯和胆固醇。

14. VLDL是极低密度脂蛋白的缩写，极低密度脂蛋白由肝细胞合成并分泌入血。其功能是运输内源性甘油三酯和胆固醇。

二、填空题

1. 脂肪　甘油　脂肪酸

2. 磷脂　胆固醇　血浆脂蛋白

3. 游离脂肪酸　甘油

4. 活化 脱氢 磷酸二羟丙酮
5. 脂酰 CoA 合成酶　脂酰 CoA　2
6. 肉碱　柠檬酸
7. 进入三羧酸循环氧化供能　合成非必需脂肪酸　合成胆固醇　合成酮体
8. 胞液　线粒体
9. 脂酰 CoA　肉碱脂酰转移酶Ⅰ　脂肪酸　丙二酸单酰 CoA
10. α-氧化　ω-氧化　ω-氧化
11. 丙酰 CoA　甲基丙二酸单酰 CoA　琥珀酰 CoA
12. HMGCoA 合成酶　反刍动物瘤胃
13. 肝内　肝外组织
14. 脂肪组织　肝脏　α-磷酸甘油　脂酰 CoA
15. 乙酰 CoA　NADPH　软脂酸
16. 乙酰 CoA 羧化酶　生物素　乙酰 CoA　CO_2
17. 胞液　线粒体　微粒体
18. 甘油磷酸二酯途径　甘油一酯途径
19. α-磷酸甘油　脂酰 CoA
20. 乙酰 CoA　NADPH
21. 胞液及内质网　HMGCoA 还原酶
22. ATP　CTP
23. 磷脂酶 A1　磷脂酶 A2　磷脂酶 B　磷脂酶 C　磷脂酶 D
24. S-腺苷甲硫氨酸
25. 电泳法　超速离心法
26. 磷脂　载脂蛋白　甘油三酯　胆固醇
27. HDL
28. 产能多　储能所占体积小　有专门储存场所
29. 脂溶性维生素

三、单项选择题

1. D　2. B　3. A　4. A　5. D　6. B　7. D　8. C　9. B　10. C
11. A　12. D　13. D　14. D　15. B　16. D　17. C　18. C　19. D　20. A
21. A　22. C　23. A　24. B　25. B　26. C　27. B　28. C　29. C　30. B
31. C　32. D　33. A　34. A　35. C　36. C　37. A　38. B　39. C　40. D
41. D　42. C　43. D　44. D　45. C　46. B

四、判断并改错

1. ×，甘油生成 α-磷酸甘油的反应不可逆。

2. ×，奇数碳的脂肪经 β-氧化也生成乙酰 CoA，只是在剩下 3 个碳时不再继续进行 β-氧化。

3. ×，脂肪酸 β-氧化酶系存在于线粒体中。

4. ×，肉毒碱的作用是将乙酰 CoA 从胞液运输到线粒体。

5. √。

6.√。

7.×,起到这一作用的物质是柠檬酸。

8.×,酰基载体蛋白(ACP)起到传递脂酰基的作用,而不是转运脂肪酸。

9.×,涉及 CO_2 固定的羧化反应需要生物素。

10.√。

11.√。

12.×,机体首先经从头合成途经生成的脂肪酸是十六碳的软脂酸,然后在软脂酸基础加工。

13.√。

14.×,长链脂酰 CoA 抑制乙酰 CoA 羧化酶活性。

15.√。

五、完成反应方程式

1.脂肪酸+ATP+CoA ⟶(脂酰-S-CoA)+(AMP)+PPi

催化此反应的酶是(脂酰 CoA 合成酶)。

2.甘油+ATP ⟶(α-磷酸甘油)+ADP

催化此反应的酶是(甘油激酶)。

3.脂酰 CoA+(FAD)⟶烯脂酰 CoA+($FADH_2$)

催化此反应的酶是(脂酰 CoA 脱氢酶)。

4.酮脂酰 CoA+HS−CoA ⟶脂酰 CoA(少了 2C)+(乙酰 CoA)

催化此反应的酶是(硫解酶)。

5.乙酰 CoA+CO_2+ATP ⟶(丙二酸单酰 CoA)+ADP+Pi

催化此反应的酶是(乙酰 CoA 羧化酶)。

6.丙酰 CoA+CO_2+ATP+Mg^{2+}+生物素⟶(甲基丙二酸单酰 CoA)+ADP+Pi

催化此反应的酶是(丙酰 CoA 羧化酶)。

7.乙酰乙酰 CoA+(乙酰 CoA)⟶HMGCoA

催化此反应的酶是(HMGCoA 合成酶)。

8.甘油二酯+脂酰 CoA ⟶(甘油三酯)+HSCoA

催化此反应的酶是(甘油二酯转酰基酶)。

六、简答题

1.①脂肪是动物机体用以贮存能量的主要形式;②脂肪可以为内脏提供物理保护;③脂肪能防止热量散失,有助于维持体温恒定;④磷脂、糖脂和胆固醇是构成组织细胞膜系统的主要成分;⑤类脂还能转变为多种生理活性分子;⑥脂类有助于脂溶性维生素的吸收。

2.动物体内的甘油主要经这些途径代谢:①在肝、肾等组织中,由甘油激酶催化生成α-磷酸甘油,α-磷酸甘油在磷酸甘油脱氢酶催化下生成磷酸二羟丙酮,后者可进入糖酵解途径继续分解。②生成的磷酸二羟丙酮可以经由丙酮酸,进入三羧酸循环途径彻底氧化。③在生成磷酸二羟丙酮后,可以经糖异生途径合成葡萄糖。④在转变为α-磷酸甘油后,进入脂肪和类脂的合成途径。

3.在线粒体基质中进行的β-氧化作用包括 4 个循环的步骤:①脱氢,脂酰 CoA 在脂酰 CoA 脱氢酶催化下,生成烯脂酰 CoA 和 $FADH_2$;②加水,在烯脂酰 CoA 水合酶催化下,生成羟脂酰 CoA；③再脱氢，在羟脂酰 CoA 脱氢酶催化下，生成 β-酮脂酰 CoA 和 $NADH+H^+$；④硫解，在 β-酮脂酰 CoA 硫解酶催化下，生成 1 分子乙酰 CoA 和缩短了两个碳原子的脂酰 CoA。如此反复进行，可将偶数碳原子的饱和脂肪酸全部分解为乙酰 CoA。

4. 酮体是指脂肪酸在肝脏中由不完全代谢所生成的一类物质，包括有乙酰乙酸、β-羟丁酸和丙酮。其中 β-羟丁酸含量最多，丙酮含量极微，两者均由乙酰乙酸转变而来。

酮体主要在肝细胞线粒体中由乙酰 CoA 缩合而成。HMGCoA 合成酶是这一途径的限速酶。此外，反刍动物的瘤胃是生成酮体的重要场所。

生物学意义：酮体是脂肪酸在肝脏氧化分解时产生的正常中间产物，是肝脏输出能源的一种形式。酮体溶于水，分子小，能通过血脑屏障及肌肉毛细管壁。当机体缺少葡萄糖时，需要动员脂肪供应能量，肌肉组织对脂肪酸的利用能力有限，却可以优先利用酮体，以节约葡萄糖，来满足脑组织对葡萄糖的需要。大脑不能利用脂肪酸，却能利用酮体。例如，在饥饿时，人的大脑可利用酮体代替其所需葡萄糖的 25%左右。因此，当糖供应不足时，酮体可以代替葡萄糖，成为脑组织及肌肉的重要能源。

5. 在正常情况下，动物血液中酮体含量极少，这是机体利用脂肪氧化供能的正常现象。在某些情况下，如高产乳牛开始泌乳后，当机体中糖的来源或氧化供能发生障碍，脂肪动员增强，脂肪酸就成了动物体的主要供能物质。若肝中合成酮体的量超过肝外组织利用酮体的能力，两者之间失去平衡，血中浓度就会过高，引起酮病，酮体随乳、尿排出体外，分别称为酮血症、酮乳症、酮尿症。乙酰乙酸和 β-羟丁酸都是酸性物质，因此酮体在体内大量堆积还会引起代谢性酸中毒。

6. 乙酰 CoA 羧化酶的作用是催化乙酰 CoA 和 CO_2 合成丙二酸单酰 CoA，为脂肪酸合成提供二碳化合物。

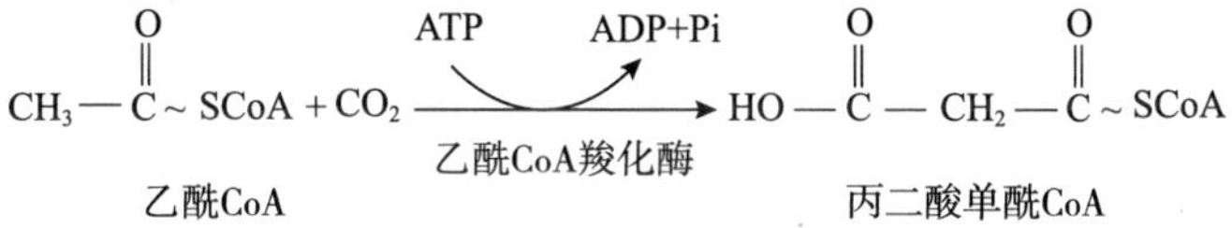

乙酰CoA　　　　丙二酸单酰CoA

乙酰 CoA 羧化酶是脂肪酸合成反应中的一种限速调节酶，柠檬酸和异柠檬酸可增强该酶的活性，而长链脂肪酸则抑制该酶的活性。此酶经磷酸化后活性丧失，胰高血糖素及肾上腺素等能促进这种磷酸化作用，从而抑制脂肪酸的合成；而胰岛素则能促进酶的去磷酸化作用、增强乙酰 CoA 羧化酶的活性。

7. ①合成脂肪的原料是脂酰 CoA 和 α-磷酸甘油；②脂酰 CoA 是脂肪酸的活性形式，α-磷酸甘油是甘油的活性形式；③而体内合成脂肪酸的原料为乙酰 CoA 和 NADPH，乙酰 CoA 主要来自葡萄糖→丙酮酸→乙酰 CoA，NADPH 主要来自葡萄糖磷酸戊糖分解途径；④α-磷酸甘油也可由葡萄糖提供，葡萄糖→磷酸二羟丙酮→α-磷酸甘油，所以当机体摄入过多糖时，糖能够转变为脂肪，导致人体发胖。

8. 血浆中所含的脂类统称血脂，包括甘油三酯、磷脂、胆固醇及其酯、游离脂肪酸等。磷脂主要有卵磷脂，约占 70%；神经鞘磷脂，约占 20%；脑磷脂，约占 10%。

血脂的来源主要有两个：一是外源性，即从饲料中摄取的脂类经消化吸收进入血液；二是内源性，即由肝、脂肪细胞以及其他组织合成后释放入血。血脂的含量随动物的生理状态不同而改变，与动物的饲养状况、品种等相关。

9. 草酰乙酸不能自由通透线粒体内膜，其跨膜转运路径有 3 条：①胞液中的草酰乙酸被还原生成苹果酸，后者经线粒体内膜上的载体转运入线粒体，经氧化再生成草酰乙酸。②胞液中的草酰乙酸被还原生成苹果酸，苹果酸在苹果酸酶作用下，氧化脱羧生成丙酮酸和 NADPH，丙酮酸再进入线粒体羧化为草酰乙酸。③胞液中的草酰乙酸经谷草转氨酶催化生成天冬氨酸，天冬氨酸进入线粒体后再重新转化为草酰乙酸。

10. HMG-CoA 由乙酰 CoA 缩合而成，在体内参与胆固醇和酮体的合成。①在几乎所有的有核细胞质中，HMG-CoA 可被 HMG-CoA 还原酶还原成甲羟戊酸，再经过多步生物化学反应合成胆固醇。HMG-CoA 还原酶是胆固醇合成的关键酶。②在肝细胞中，HMG-CoA 可被 HMG-CoA 裂解酶裂解，生成酮体，通过血液运输到肝外组织利用。

11. 血浆脂蛋白是脂质与载脂蛋白结合形成的球形复合体，是血浆脂质的运输和代谢形式，主要包括 CM、VLDL、LDL 和 HDL4 大类。CM 由小肠黏膜细胞合成，功能是运输外源性甘油三酯和胆固醇。VLDL 由肝细胞合成和分泌，功能是运输内源性甘油三酯和胆固醇。LDL 由 VLDL 在血浆中转化而来，功能是转运内源性胆固醇。HDL 主要由肝细胞合成和分泌，功能是逆向转运胆固醇。

12. ①与脂质的亲和作用使脂质溶于水性介质中；②运转胆固醇和甘油三酯；③作为脂蛋白外壳的结构成分，它与脂蛋白外生物信息相关联；④以配体的形式作为脂蛋白与特异受体的连接物，载脂蛋白结合到受体上是细胞摄取脂蛋白的第一步，例如，ApoB100 能被 LDL 受体识别，ApoE 不仅能被 LDL 受体识别，还能被 CM 残粒受体识别；⑤激活某些与血浆脂蛋白代谢有关的酶类。

13. ①代谢物的调节，即软脂酰 CoA 可反馈抑制乙酰 CoA 羧化酶，从而抑制体内脂肪酸合成；合成脂肪酸的原料乙酰 CoA 及 NADPH 增多有利于脂肪酸的合成。②激素的调节，即胰岛素是促进脂肪合成的主要激素，能够加速脂肪分解的激素主要有肾上腺素、生长激素与肾上腺皮质激素、甲状腺素和性激素等。

14. 含奇数碳原子的脂肪酸可产生大量的丙酰 CoA，其进一步代谢的途径是转变成琥珀酰 CoA，随后生成琥珀酸，再转变成草酰乙酸、异生成糖来满足机体对糖的需要。摄入含偶数碳原子的脂肪酸都产生了乙酰辅酶 A，它不能直接异生成糖。

15. ①进行的部位不同：脂肪酸 β-氧化在线粒体内进行；脂肪酸生物合成在胞液中进行。②主要中间代谢物不同：脂肪酸 β-氧化的主要中间产物是乙酰 CoA；脂肪酸生物合成的主要中间产物是丙二酸单酰 CoA。③脂肪酰基的转运载体不同：脂肪酸 β-氧化的脂肪酰基转运载体是 CoA；脂肪酸生物合成的脂肪酰基转运载体是 ACP 。④参与的辅酶不同：参与脂肪酸 β-氧化的辅酶是 FAD 和 NAD^+；参与脂肪酸生物合成的辅酶是 NADPH。⑤脂肪酸 β-氧化不需要 CO_2，而脂肪酸生物合成需要 CO_2。⑥反应发生的 ADP/ATP 值不同：脂肪酸 β-氧化在 ADP/ATP 值高时发生；脂肪酸生物合成在 ADP/ATP 值低时进行。⑦柠檬酸发挥的作用不同：柠檬酸对脂肪酸 β-氧化没有激活作用，但能激活脂肪酸生物合成。⑧脂酰 CoA 的作用不同：脂酰辅酶 A 对脂肪酸 β-氧化没有抑制作用，但能抑制脂肪酸生物合成。⑨所处膳食状况不同：脂肪酸 β-氧化通常在禁食或饥饿时进行；脂肪酸生物合成通常在高糖膳食状况下进行。

16. ②进入三羧酸循环氧化分解为 CO_2 和 H_2O，产生大量能量；②以乙酰 CoA 为原料合成脂肪酸，进一步合成脂肪和磷脂等；③以乙酰 CoA 为原料合成酮体作为肝输出能源方式；④以乙酰 CoA 为原料合成胆固醇。

七、计算与论述题

1. 1 mol 软脂酸经 β-氧化，生成 8 mol 乙酰 CoA，7 mol$FADH_2$ 和 7 mol$NADH+H^+$；乙酰

CoA 经三羧酸循环彻底氧化分解，可生成 10 molATP。

7 mol $FADH_2$ 经呼吸链氧化可生成 1.5×7=10.5 mol ATP；7 mol NADH+H^+ 经呼吸链氧化可生成 2.5×7=17.5 mol ATP；三者相加，减去消耗掉 2 个 ATP：

$$80+10.5+17.5-1=106\ \text{mol}$$

已知每摩尔 ATP 水解时释放的能量为 30.54 kJ，所以软脂酸完全分解的能量转化效率为 106×30.54/9791=33%。

2. 生成 16.5 分子 ATP，具体过程如下表所列

	反应过程	催化酶	生成物
酵解途径	甘油→α-磷酸甘油	甘油激酶	-1ATP
	α-磷酸甘油→磷酸二羟丙酮	磷酸甘油脱氢酶 NADH	穿梭生成 $FADH_2$
	甘油醛-3-磷酸→甘油酸-1,3-二磷酸	甘油醛-3-磷酸脱氢酶 NADH	穿梭生成 $FADH_2$
	甘油酸-1,3-二磷酸→甘油酸-3-磷酸	磷酸甘油酸激酶	1ATP
	磷酸烯醇式丙酮酸→丙酮酸	丙酮酸激酶	1ATP
	丙酮酸→乙酰 CoA	丙酮酸脱氢酶系 NADH	
三羧酸循环途径	异柠檬酸→α-酮戊二酸	异柠檬酸脱氢酶 NADH	
	α-酮戊二酸→琥珀酰 CoA	α-酮戊二酸脱氢酶系 NADH	
	琥珀酰 CoA→琥珀酸	琥珀酰 CoA 合成酶	1GTP
	琥珀酸→延胡索酸	琥珀酸脱氢酶 $FADH_2$	
	苹果酸→草酰乙酸	苹果酸脱氢酶 NADH	
总和			16.5ATP

胞液中的 NADH 经磷酸甘油穿梭进入线粒体生成 $FADH_2$，所以共生成 3 分子 $FADH_2$，4 分子 NADH，ATP 数：3×1.5+4×2.5+3-1=16.5。

八、综合题

1. (1)脂肪动员困难　当动物处于禁食、饥饿或交感神经兴奋时，肾上腺素、去甲肾上腺素、胰高血糖素等分泌增加，作用于脂肪细胞表面受体，激活细胞内的腺苷酸环化酶，合成 cAMP 并激活依赖 cAMP 的蛋白激酶，使细胞内激素敏感脂肪酶活化，才能促进脂肪的动员，进而分解为甘油和脂肪酸供能，但其不能满足在正常情况下对能量的需要。

(2)几乎不能转化为糖，满足血糖浓度恒定　脂肪分解成甘油和脂肪酸，然后两者分别按不同途径(向糖)转化。①甘油经磷酸化生成 α-磷酸甘油，再转变为磷酸二羟丙酮，后者经糖异生作用转化成糖。②脂肪酸经 β-氧化作用，生成乙酰 CoA。在通常情况下，乙酰 CoA 都是经三羧酸循环而氧化成 CO_2 和 H_2O，因而不能转化成糖。虽然有研究显示，同位素标记的乙酰 CoA 碳原子最终掺入了葡萄糖分子，但其前提是必须向三羧酸循环补充草酰乙酸等有机酸。而动物体内草酸乙酸又只能由糖代谢的中间产物丙酮酸羧化或其他氨基酸脱氨后得到。对于动物而言，只有脂肪中的甘油部分可转变为糖，而甘油占脂肪的量相对很少，生成的糖量相对也很少，因此不能满足机体，尤其是脑组织对血糖的需求。

(3)只参与有氧氧化　糖可以发生无氧酵解，提供少量能量，但脂肪只参与有氧氧化。

(4)来源有限　与脂肪相比，生命体获取葡萄糖的食物来源分布广泛，易于摄取。

第九章　含氮小分子物质的代谢

一、名词解释

1. 氮平衡　2. 必需氨基酸　3. 饲料蛋白质的互补作用
4. 氨基酸代谢库　5. 氧化脱氨基作用　6. 转氨酶
7. 转氨基作用　8. 联合脱氨基作用　9. 嘌呤核苷酸循环
10. 氨基酸的脱羧基作用　11. 生糖氨基酸　12. 生酮氨基酸
13. 生糖兼生酮氨基酸　14. 丙氨酸-葡萄糖循环　15. 鸟氨酸循环
16. 一碳单位　17. SAM　18. 甲硫氨酸循环
19. γ-谷氨酰基循环　20. 从头合成　21. 核苷酸的补救合成

二、填空题

1. 氨基酸分解的共同代谢途径有________和________。

2. 氨基酸转氨酶的辅酶是________，其催化________和氨基酸之间的氨基转移作用。

3. α-酮戊二酸和草酸乙酸过转氨基作用分别转变为________和________。

4. 肝脏中的氨基酸联合脱氨基作用采用的是转氨基作用偶联________。

5. 丙氨酸-葡萄糖循环可以消除肌肉紧张运动时所产生的________毒害作用，同时也可以避免过多________的毒害作用。

6. 参与尿素合成的氨基酸有________、________和谷氨酸，这些氨基酸可参与蛋白质的生物合成。

7. 经鸟氨酸循环生成 1 分子的尿素可以清除________分子的 NH_3 和________分子的 CO_2，并消耗________分子 ATP 中的________个高能磷酸键。

8. 在一碳基团转移的过程中，起辅酶作用的是________，其分子中的________位和________位氮原子是携带一碳基团的位置。

9. 分解代谢过程中可以产生一碳基团的氨基酸包括________、________、________、________和________。

10. 高半胱氨酸是由必需氨基酸中的________脱去________形成的，体内硫酸根的主要来源是________。

11. 色氨酸通过脱氨和氧化脱羧作用，可转变成________从尿中排出；色氨酸还可转变成________，它是组成辅酶Ⅰ和辅酶Ⅱ的成分。

12. 在动物机体中，__________经活化为 SAM 可作为甲基的直接供体，__________经代谢可生成儿茶酚胺类神经递质。

13. 肌酸在__________的催化下，可与 ATP 反应生成__________。

14. 促使黑色素合成的两种主要氨基酸是__________和__________。

15. 人类、灵长类的动物体内嘌呤代谢的最终产物是__________，由于后者生成过多或排泄减少，在体内积累，可引起__________症。

16. 嘌呤核苷酸从头合成过程中，第一个具有嘌呤环结构的中间化合物是__________；嘧啶核苷酸从头合成过程中，第一个具有嘧啶环结构的中间化合物是__________。

17. 胞嘧啶在胞嘧啶脱氨酶的催化下生成__________，最终分解可生成__________、NH_3 和 CO_2；胸腺嘧啶分解的最终产物是__________、NH_3 和 CO_2。

18. 临床上治疗痛风的特效药物是__________，可通过与__________酶活中心结合抑制其活性，减少尿酸的合成。

19. 无论是嘌呤核苷酸，还是嘧啶核苷酸的合成都有两种不同的途径，其中一条是主要的，称为__________途径；另一条是次要的，称为__________途径，其中 HGPRT(次黄嘌呤/鸟嘌呤磷酸核糖转移酶)参与了嘌呤核苷酸的__________途径。

20. 嘌呤核苷酸从头合成所需的氨基酸包括__________、__________和__________。

21. 嘧啶环的第 1 位氮及第 4 位、第 5 位、第 6 位碳来自__________，第 2 位碳和第 3 位氮来自__________。

22. 体内脱氧核苷酸是由__________直接还原生成，催化此反应的酶是__________。

23. 对嘌呤核苷酸生物合成产生反馈抑制作用的有 GMP、__________和 IMP；嘌呤核苷酸从头合成途径首先合成的核苷酸是__________。

24. 用于嘧啶核苷酸合成的氨基甲酰磷酸在细胞的__________中合成，而用于尿素合成的氨基甲酰磷酸是在细胞的__________中合成。

25. 在嘌呤核苷酸从头合成中最重要的调节酶是__________酶和__________酶。

26. 氨甲蝶呤(MTX)干扰核苷酸合成是因为其结构与__________相似，并抑制__________酶，进而影响一碳单位代谢。

27. PRPP 的中文名称是__________，主要用于合成__________和__________。

三、单项选择题

1. 正在生长的畜禽、妊娠母畜和恢复期病畜常保持(　　)。

A. 氮平衡　　B. 氮的总平衡　　C. 氮的正平衡　　D. 氮的负平衡

2. 在下列氨基酸中，属于必需氨基酸的是(　　)

A. 蛋氨酸　　B. 丙氨酸　　C. 天冬氨酸　　D. 谷氨酸

3. 动物体内氨基酸脱氨的主要形式是(　　)。

A. 氧化脱氨基作用　　B. 转氨基作用

C. 联合脱氨基作用　　D. 非氧化脱氨基作用

4. 在骨骼肌和心肌中，氨基酸脱氨的主要方式是(　　)。
A. 转氨基-嘌呤核苷酸循环　　B. 非氧化脱氨基作用
C. 转氨基-氧化脱氨基作用　　D. 转氨基作用
5. 氨基酸脱羧酶的辅酶是(　　)。
A. 生物素　　B. 焦磷酸硫胺素　　C. 磷酸吡哆醛　　D. 辅酶 A
6. 在嘌呤核苷酸循环中，次黄嘌呤核苷酸反应生成腺苷酸代琥珀酸的氨基直接供体是(　　)。
A. 氨甲酰磷酸　　B. 天冬氨酸　　C. 游离的氨　　D. 谷氨酸
7. 下列哪个氨基酸脱氨形成的 α-酮酸是三羧酸循环的中间产物？(　　)
A. 丙氨酸　　B. 谷氨酸　　C. 缬氨酸　　D. 鸟氨酸
8. 组胺由哪种氨基酸脱羧而来的？(　　)
A. 组氨酸　　B. 苯丙氨酸　　C. 苏氨酸　　D. 精氨酸
9. 通过哪个循环，肌肉中的氨能以无毒的丙氨酸形式运到肝脏？(　　)
A. 丙氨酸-葡萄糖循环　　B. 三羧酸循环
C. 鸟氨酸循环　　D. 乳酸循环
10. 大脑中的氨主要通过下列哪种形式运输到肝脏？(　　)
A. 谷氨酰胺　　B. 天冬氨酸　　C. 尿素　　D. 丙氨酸
11. 尿素分子中的两个氮原子来自(　　)。
A. 天冬氨酸和鸟氨酸　　B. 鸟氨酸和游离的氨
C. 游离的氨和天冬氨酸　　D. 精氨酸和鸟氨酸
12. 在尿素合成的过程中，下列哪组反应需要消耗 ATP？(　　)
A. 氨甲酰磷酸和精氨琥珀酸的合成　　B. 瓜氨酸的形成和精氨酸的水解
C. 氨甲酰磷酸和瓜氨酸的形成　　D. 精氨琥珀酸和精氨酸的合成
13. 尿素循环的限速酶是(　　)。
A. 氨甲酰磷酸合成酶 Ⅰ　　B. 精氨琥珀酸合成酶
C. 氨甲酰基转移酶　　D. 精氨琥珀酸裂解酶
14. 关于尿素循环，下列叙述错误的是(　　)。
A. 尿素循环可以清除 NH_3 和 CO_2
B. 氨甲酰磷酸合成酶 Ⅰ 在肝脏的胞液中存在
C. N-乙酰谷氨酸是氨甲酰磷酸合成酶 Ⅰ 的变构激活剂
D. 精氨琥珀酸合成酶存在于肝细胞的胞液中
15. 下列哪个不是一碳基团？(　　)
A. $-CH_3$　　B. $-CH_2-$　　C. CO_2　　D. $-CHO$
16. 关于甲硫氨酸，下列叙述错误的是(　　)。
A. 甲硫氨酸是必需氨基酸
B. 甲硫氨酸是动物体内甲基的直接供体
C. 甲硫氨酸可转变为半胱氨酸和胱氨酸
D. 甲硫氨酸属于极性氨基酸

17. 下列哪种氨基酸在代谢的过程中可被氧化成牛磺酸？（　　）

A. 组氨酸　　B. 苯丙氨酸　　C. 苏氨酸　　D. 半胱氨酸

18. 当苯丙氨酸和酪氨酸代谢发生障碍时，可出现下列哪种疾病？（　　）

A. 白化病　　B. 镰刀型的贫血症

C. 蚕豆病　　D. 高氨血症

19. 嘧啶核苷酸分解代谢产物不包括（　　）。

A. NH_3　　B. 尿酸　　C. CO_2　　D. β-丙氨酸

20. 在嘌呤核苷酸的合成中，第 4 位及第 5 位的碳原子和第 7 位氮原子主要来源于（　　）。

A. 天冬氨酸　　B. 谷氨酸　　C. 谷氨酰胺　　D. 甘氨酸

21. 关于嘌呤核苷酸合成，下列叙述正确的是（　　）。

A. 利用氨基酸、一碳单位和 CO_2 合成嘌呤环，再与核糖-5-磷酸结合而成

B. 利用天冬氨酸、一碳单位、CO_2 和核糖-5-磷酸为原料直接合成

C. 在 5-磷酸核糖焦磷酸（PRPP）的基础上，逐步与氨基酸、CO_2 及一碳单位作用

D. 在氨基甲酰磷酸的基础上逐步合成

22. 人体嘌呤核苷酸分解代谢的特征性终产物是（　　）。

A. NH_3　　B. CO_2　　C. 黄嘌呤　　D. 尿酸

23. 关于嘧啶核苷酸从头合成途径，下列叙述正确的是（　　）。

A. 先合成嘧啶环，再与 PRPP 反应

B. 在 PRPP 的基础上，与氨基酸及的磷酸核糖相连 CO_2 作用逐步合成

C. UMP 的合成需要有一碳单位的参加

D. 主要是在线粒体内合成

24. 下列哪种氨基酸为嘌呤和嘧啶核苷酸生物合成的共同原料？（　　）

A. 谷氨酸　　B. 甘氨酸　　C. 天冬氨酸　　D. 丙氨酸

25. 核苷酸合成过程主要在下列哪个部位进行？（　　）

A. 肝脏的线粒体　　B. 骨骼肌的线粒体

C. 肝脏的胞液　　D. 心脏的胞液

26. 下列哪种物质不是嘌呤核苷酸从头合成的直接原料？（　　）

A. 甘氨酸　　B. 天冬氨酸　　C. 谷氨酸　　D. CO_2

27. 催化 dUMP 转变为 dTMP 的酶是（　　）。

A. 核苷酸还原酶　　B. 胸苷酸合成酶　　C. 甲基转移酶　　D. 脱氧胸苷激酶

28. 哺乳类动物体内直接催化尿酸生成的酶是（　　）。

A. 尿酸氧化酶　　B. 黄嘌呤氧化酶

C. 腺苷脱氨酸　　D. 鸟嘌呤脱氨酶

29. 嘧啶环中的两个氮原子来自（　　）。

A. 谷氨酰胺和氨　　B. 谷氨酰胺和天冬酰胺

C. 谷氨酰胺和谷氨酸　　D. 天冬氨酸和氨甲酰磷酸

30. 5-氟尿嘧啶（5-Fu）治疗肿瘤的原理是（　　）。

A. 本身直接杀伤作用　　B. 抑制胞嘧啶合成

C. 抑制四氢叶酸合成　　D. 抑制胸苷酸合成

四、判断并改错

(　　)1. 蛋白质的营养价值主要取决于蛋白质中必需氨基酸的组成和比例。

(　　)2. 由于瘤胃微生物可以合成各种氨基酸，反刍动物对必需氨基酸需求并不像非反刍动物那么高。

(　　)3. *L*-谷氨酸脱氢酶主要存在于动物肌肉组织中，它的辅酶是 NAD^+。

(　　)4. 转氨基作用是体内必需氨基酸合成的重要途径。

(　　)5. 生酮氨基酸不能转变为脂肪。

(　　)6. 谷氨酰胺是中性无毒的氨基酸，又是体内迅速解除氨毒的一种物质，也是氨的储存及运输形式。

(　　)7. 整个鸟氨酸循环反应过程都在细胞线粒体中进行。

(　　)8. 丝氨酸脱羧基即成为胆胺，胆胺再接受 S-腺苷甲硫氨酸提供的 3 个甲基转变为胆碱。

(　　)9. 禽类主要以尿素的形式将体内的氨排出体外。

(　　)10. 脱氧核糖核苷酸的合成是在核糖核苷三磷酸水平上完成的。

(　　)11. 当 dUMP 生成 dTMP 时，其甲基供体是携带甲基的叶酸衍生物。

(　　)12. 生物体不可以利用游离的碱基或核苷合成核苷酸。

(　　)13. 作用于核酸的磷酸二酯酶称为核酸酶，分为核酸外切酶和核酸内切酶。

(　　)14. 嘌呤核苷酸和嘧啶核苷酸的生物合成途径是相同的，即都是先合成碱基环，再与磷酸核糖生成核苷酸。

(　　)15. 核苷酸的补救合成可以节省从头合成时能量和一些氨基酸的消耗。

(　　)16. 氨甲酰磷酸合成酶参与嘧啶核苷酸生物合成及尿素合成过程，存在于细胞质中。

(　　)17. IMP 合成 AMP 和 IMP 合成 GMP 均需 ATP 直接供能。

(　　)18. 在 NDP 转变为 dNDP 的过程中硫氧还蛋白起电子载体作用。

(　　)19. dATP、dGTP、dCTP 和 dTTP，是遗传物质 DNA 合成的直接原料。

五、完成反应方程式

1. 谷氨酸 $+ NAD(P)^+ + H_2O \longrightarrow$ (　　　　　　　　　　) $+ NAD(P)H + H^+ + NH_3$

催化此反应的酶是(　　　　　　　　　　)。

2. 谷氨酸 + (　　　　　　　　　　) $\longrightarrow$ (　　　　　　　　　　) + 丙氨酸

催化此反应的酶是(　　　　　　　　　　)。

3. $NH_3 + CO_2 + H_2O + 2ATP \longrightarrow$ (　　　　　　　　　　) $+ 2ADP + Pi$

催化此反应的酶是(　　　　　　　　　　)。

4. 瓜氨酸 + 天冬氨酸 + ATP $\longrightarrow$ 精氨琥珀酸 + (　　　　　　　　　　) + PPi

催化此反应的酶是(　　　　　　　　　　)。

5. $IMP + H_2O + NAD^+ \longrightarrow$ (　　　　　　　　　　) $+ NADH + H^+$

催化此反应的酶是( )。

6. NDP+ $NADP^+$ ⟶( )+( )

催化此反应的酶是( )。

六、简答题

1. 简述体内氨的来源和去路。
2. 简述肝脏中氨基酸脱氨基的主要过程。
3. 在骨骼肌和心肌中,氨基酸脱氨基是如何进行的?
4. 简述氨在动物体内的转运情况。
5. 图示鸟氨酸循环的过程,并简述该途径的生理意义。
6. 简述天冬氨酸在体内转变成葡萄糖的主要代谢途径。
7. 简述色氨酸在体内的主要代谢去路。
8. 简述氨中毒的生化机理。
9. 图示甲硫氨酸循环,该途径有何生理意义?
10. 简述嘌呤核苷酸补救合成的生理意义。
11. 核酸分解代谢的途径是怎样的?

七、计算与论述题

1. 讨论维生素 B_6 与氨基酸代谢之间的关系。
2. 讨论核苷酸在体内的主要生理功能。
3. 讨论 PRPP(磷酸核糖焦磷酸)在核苷酸代谢中的重要性。
4. 试从合成原料、合成程序、反馈调节等方面比较嘌呤核苷酸与嘧啶核苷酸从头合成的异同点。
5. 1 mol 丙氨酸在体内氧化生成 CO_2、H_2O 和 NH_3,可产生多少 mol ATP? 写出计算依据。

八、综合题

1. 作图并说明鸟氨酸循环、三羧酸(TCA)循环和转氨基作用是如何联系的?
2. 试述天冬氨酸在体内的代谢去路。

参考答案

一、名词解释

1. 氮平衡是指摄入的日粮中含氮量与排泄物(粪和尿)中含氮量之间的平衡关系,分为氮的正平衡、氮的负平衡和氮的总平衡。

2. 必需氨基酸是指动物体内不能合成或合成量不足,不能满足机体生理活动的需要,必须由日粮提供的一类氨基酸。

3. 在畜禽饲养中,为了提高饲料蛋白质的营养价值,常把原来营养价值较低的不同蛋白质饲料混合使用,若配合适当,则其必需氨基酸可以互相补充,这被称为饲料蛋白质的互补作用。

4. 饲料蛋白质经消化被吸收的氨基酸与体内蛋白质降解产生的氨基酸混在一起,分布于体内参与代谢称为氨基酸代谢库。

5. α-氨基酸经酶催化脱氢,形成 α-亚氨基酸,后者再经加水脱氨,生成 α-酮酸和氨,此过程被称为氧化脱氨基作用。

6. 转氨酶又称氨基转移酶,是指催化某一种氨基酸的 α-氨基转移到另一种 α-酮酸的酮基上,生成相应的 α-酮酸和氨基酸。

7. 在转氨酶催化下,一种氨基酸的 α-氨基转移到另一种 α-酮酸上,原来的氨基酸转变为相应的 α-酮酸,而原来的 α-酮酸则形成相应的氨基酸,该过程被称为转氨基作用。

8. 联合脱氨基作用是指转氨基作用和 *L*-谷氨酸氧化脱氨基作用或嘌呤核苷酸循环偶联进行的脱氨基过程,是体内主要的脱氨基方式。

9. 在一系列酶的催化下,各种氨基酸经由谷氨酸、草酰乙酸、腺苷酸代琥珀酸、腺嘌呤核苷酸、IMP 等,最后将氨基脱去,这一过程被称为嘌呤核苷酸循环。这是存在于骨骼肌和心肌中的一种氨基酸的脱氨基方式。

10. 氨基酸在氨基酸脱羧基酶作用下脱去羧基,生成相应的胺和 CO_2 的过程称为氨基酸的脱羧基作用。

11. 生糖氨基酸是指在动物体内可以转变成葡萄糖的氨基酸,包括甘氨酸、丙氨酸、丝氨酸、苏氨酸、半胱氨酸、天冬氨酸、天冬酰胺、甲硫氨酸、缬氨酸、精氨酸、谷氨酸、谷氨酰胺、脯氨酸和组氨酸。

12. 生酮氨基酸是指在动物体内只能转变为酮体的氨基酸,包括亮氨酸和赖氨酸。

13. 生糖兼生酮氨基酸是指在体内既能转变成糖又能转变成酮体的一类氨基酸,包括色氨酸、苯丙氨酸、酪氨酸和异亮氨酸。

14. 丙氨酸-葡萄糖循环是指通过丙氨酸和葡萄糖在肌肉和肝之间进行氨转运的过程。

15. 鸟氨酸循环是指将有毒的氨转变无毒的尿素的循环过程,肝脏是尿素合成的主要器官。

16. 一碳单位是指某些氨基酸在代谢过程中产生的含有一个碳原子的基团(不包括 CO_2)。

17. SAM 是 S-腺苷甲硫氨酸的缩写,又称活性甲硫氨酸,是体内甲基最重要的供给体。

18. 甲硫氨酸循环是指甲硫氨酸经 S-腺苷甲硫氨酸、S-腺苷高半胱氨酸、高半胱氨酸,重新形成甲硫氨酸的过程。该途径的意义是为体内物质提供甲基。

19. γ-谷氨酰基循环是指通过谷胱甘肽的代谢作用将氨基酸吸收和转运的过程。

20. 从头合成是指生物体内用简单的前体物质合成某种生物分子，例如，核苷酸的从头合成。

21. 细胞利用现成的嘌呤（嘧啶）碱或嘌呤（嘧啶）核苷重新合成嘌呤（嘧啶）核苷酸的过程，该过程被称为核苷酸的补救合成。

二、填空题

1. 脱氨基作用　脱羧基作用
2. 磷酸吡哆醛　　α-酮酸
3. 谷氨酸　　天冬氨酸
4. 谷氨酸氧化脱氨基作用
5. 乳酸　氨
6. 精氨酸　天冬氨酸
7. 2　1　3　4
8. FH_4　5　10
9. 色氨酸　甘氨酸　丝氨酸　组氨酸　甲硫氨酸
10. 甲硫氨酸　甲基　半胱氨酸
11. 吲哚乙酸　尼可酸（烟酰胺）
12. 甲硫氨酸　酪氨酸
13. 肌酸激酶　磷酸肌酸
14. 苯丙氨酸　酪氨酸
15. 尿酸　痛风
16. IMP　乳清酸
17. 尿嘧啶　β-丙氨酸　β-氨基异丁酸
18. 别嘌呤醇　黄嘌呤氧化酶
19. 从头合成　补救合成　　补救合成
20. 甘氨酸　谷氨酰胺　天冬氨酸
21. 天冬氨酸　氨甲酰磷酸
22. 二磷酸核苷　核糖核苷酸还原酶
23. AMP　　IMP
24. 胞液　线粒体
25. 磷酸核糖焦磷酸激　PRPP 转酰胺
26. 叶酸　二氢叶酸还原
27. 5-磷酸核糖焦磷酸　嘌呤核苷酸　嘧啶核苷酸

三、单项选择题

1. C　2. A　3. C　4. A　5. C　6. B　7. B　8. A　9. A　10. A

11. C　12. A　13. B　14. B　15. C　16. B　17. D　18. A　19. B　20. D

21. C　22. D　23. A　24. C　25. C　26. C　27. B　28. B　29. D　30. D

四、判断并改错

1.√。

2.√。

3.×,*L*-谷氨酸脱氢酶广泛分布于动物的肝、肾和脑组织。在肌肉组织中,该酶的活性极低,肌肉组织主要以嘌呤核苷酸循环脱氨。

4.×,必需氨基酸是动物体内不能合成或合成量不足而需要由饲料供给的氨基酸,转氨基作用不能合成必需氨基酸。

5.×,生酮氨基酸经分解代谢可以生成乙酰 CoA,乙酰 CoA 是脂肪酸合成的原料,因此生酮氨基酸可以转变为脂肪。

6.√。

7.×,鸟氨酸循环先在线粒体中进行,再在细胞质基质中进行。

8.√。

9.×,禽类不能合成尿素,而是将体内的氨合成谷氨酰胺,并作为 N 源合成嘌呤核苷酸,再分解为尿酸排出体外。

10.×,脱氧核糖核苷酸的合成是在核糖核苷二磷酸水平上完成的。

11.√。

12.×,通过补救途径,生物体可以利用游离的碱基或核苷合成核苷酸。

13.√。

14.×,嘌呤核苷酸和嘧啶核苷酸的生物合成途径不同。

15.√。

16.×,参与嘧啶核苷酸生物合成的氨甲酰磷酸合成酶不同于参与尿素合成的氨甲酰磷酸合成酶,前者存在于细胞质中,后者存在于线粒体基质中。

17.×,IMP 合成 AMP 需 GTP 直接供能,IMP 合成 GMP 需 ATP 直接供能。

18.√。

19.√。

五、完成反应方程式

1.谷氨酸$+NAD(P)^{+}+H_2O \longrightarrow$(*α*-酮戊二酸)$+NAD(P)H+H^{+}+NH_3$

催化此反应的酶是(*L*-谷氨酸脱氢酶)。

2.谷氨酸 +(丙酮酸)$\longrightarrow$(*α*-酮戊二酸)+ 丙氨酸

催化此反应的酶是(谷丙转氨酶)。

3.$NH_3+CO_2+H_2O+2ATP \longrightarrow$(氨甲酰磷酸)$+2ADP+Pi$

催化此反应的酶是(氨甲酰磷酸合成酶Ⅰ)。

4.瓜氨酸+天冬氨酸+ATP$\longrightarrow$精氨琥珀酸+(AMP)+ PPi

催化此反应的酶是(精氨琥珀酸合成酶)。

5.$IMP+H_2O+NAD^{+} \longrightarrow (AMP)+NADH+H^{+}$

催化此反应的酶是(IMP 脱氢酶)。

6.$NDP+NADP^{+} \longrightarrow (dNDP)+(NADPH+H^{+})$

催化此反应的酶是(核糖核苷酸还原酶)。

六、简答题

1. 体内氨的来源：①氨基酸脱氨基作用产生的氨是体内氨的主要来源；②其他含氮化合物，如胺类、嘌呤和嘧啶分解也能生成少量氨；③在消化道细菌作用下，部分未被吸收的氨基酸发生脱氨基作用，产生的氨可被消化道吸收。

体内氨的去路：①合成无毒的尿素，这是哺乳动物体内氨的主要去路，最终从尿中排出体外；②通过脱氨基作用的逆反应，重新合成氨基酸；③参与合成嘌呤、嘧啶等其他重要含氮化合物；④氨可以在动物体内形成无毒的谷氨酰胺，这是运输氨和贮存氨的方式；⑤谷氨酰胺在肾脏分解生成 NH_4^+，以胺盐的形式直接排出体外。

2. 在肝脏中，氨基酸脱氨基的主要方式是转氨基-谷氨酸氧化作用联合脱氨基。其包括两部反应：①转氨基作用，在转氨酶催化下，某一种氨基酸的 α-氨基转移到另一种 α-酮酸的酮基上，生成相应的 α-酮酸和氨基酸；②L-谷氨酸的氧化脱氨基作用，在 L-谷氨酸脱氢酶作用下，L-谷氨酸氧化脱氨基生成 α-酮戊二酸和氨，中间产物是一种亚氨基酸。

3. 在骨骼肌和心肌中，氨基酸脱氨基的主要方式是转氨基-嘌呤核苷酸循环的联合脱氨基。其反应过程：①通过转氨基作用生成谷氨酸；②由谷草转氨酶催化，草酰乙酸接受谷氨酸的氨基生成天冬氨酸；③天冬氨酸与次黄嘌呤核苷酸(IMP)反应生成腺苷酸代琥珀酸，该反应由腺苷酸代琥珀酸合成酶催化；④腺苷酸代琥珀酸裂解为腺嘌呤核苷酸(AMP)和延胡索酸，催化反应的酶是腺苷酸代琥珀酸裂解酶；⑤AMP 经腺苷酸脱氨酶的催化，水解再转变为 IMP 和游离的 NH_3。反应中的 IMP 可以再参加循环，延胡索酸可再转变为草酰乙酸。

4. 氨基酸、嘌呤、嘧啶等脱氨基作用产生的氨和消化道吸收的氨可直接进入血液，随血液循环进入肾脏，通过肾的泌氨作用排出体外。但动物机体内的血氨浓度过高会引发机体代谢性碱中毒，因此动物体中的氨通常以无毒的谷氨酰胺和丙氨酸两种形式通过血液循环转运至肝或肾中进行进一步的代谢或直接排泄，其中脑、肌肉等主要组织通过谷氨酰胺向肝或肾转运氨。肌肉除利用谷氨酰胺，也可以利用丙氨酸通过丙氨酸-葡萄糖循环将氨转运至肝脏。

5. 鸟氨酸循环的过程如下图所示。

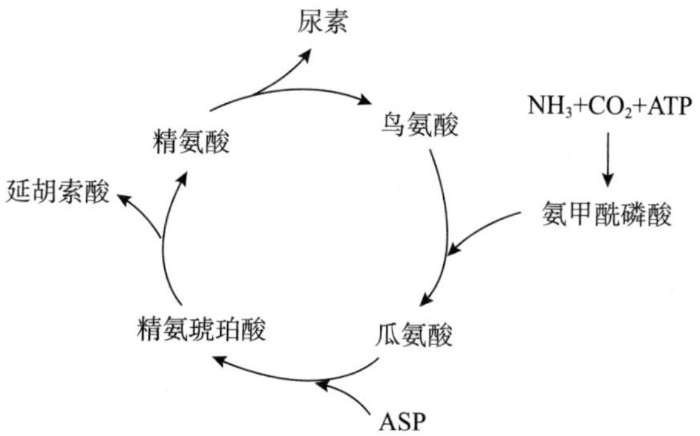

生理意义：①在机体内，氨是有毒化合物，通过该途径合成尿素，尿素是中性无毒物质，从而起到解氨毒的作用，这是哺乳动物最终排出氨的方式；②通过该途径可以清除氨基氮及二氧化碳，能够减少由体内 CO_2 溶于血液所造成的酸性。

6. ①天冬氨酸经转氨基作用或联合脱氨基作用形成草酰乙酸；②草酰乙酸由磷酸烯醇式丙酮酸羧激酶催化形成磷酸烯醇式丙酮酸；③沿着糖酵解途径的逆反应，依次生成甘油酸-2-磷酸、甘油酸-3-磷酸、甘油酸-1，3-二磷酸、甘油醛-3-磷酸、磷酸二羟丙酮和果糖-1，6-二磷酸，果糖-1,6-二磷酸在果糖二磷酸酶的催化下形成果糖-6-磷酸、葡萄糖-6-磷酸;④葡萄糖-6-磷酸水解生成葡萄糖,反应由葡萄糖-6-磷酸酶催化。

7. 色氨酸经过羟化和脱羧作用后,转变成5-羟色胺。通过脱氨作用后,色氨酸可以进入不同途经生成不同产物:①氧化脱羧最后生成吲哚乙酸从尿中排出;②通过色氨酸加氧酶作用,生成一碳单位。③分解可转变为丙氨酸和乙酰乙酸,所以色氨酸也是生糖兼生酮氨基酸;④在体内能转变成烟酸(维生素 B_5),但远不能满足机体的需要。

8. 在正常情况下,血氨的来源与去路保持着动态平衡,血氨浓度稳定。氨在肝脏中合成尿素是维持这个平衡的关键。氨中毒的根本原因是肝功能损伤,不能合成尿素,血氨浓度升高。进入脑组织的氨也会增加,在脑组织中氨与 α-酮戊二酸结合成谷氨酸,并进一步形成谷氨酰胺而解毒,这样就消耗了脑中大量的 α-酮戊二酸。α-酮戊二酸是三羧酸循环的中间产物,它的减少会使三羧酸循环不能正常进行,ATP 生成减少,能量供应不足将使脑高度损伤,严重时可引起昏迷。

9. 甲硫氨酸循环如下图所示。

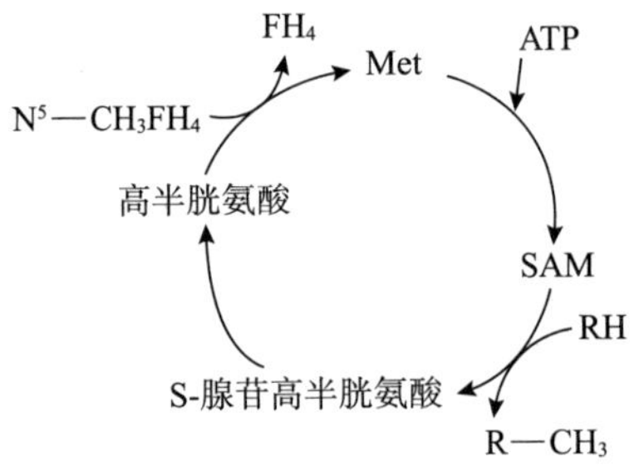

生理意义:N^2-CH_3FH_4 作为体内甲基的间接供体,提供甲基合成甲硫氨酸,再通过循环生成 SAM,由 SAM 直接提供甲基,以进行体内广泛的甲基化反应。

10. ①可以节省从头合成时能量和一些氨基酸的消耗;②体内某些组织器官,如脑、骨髓等,由于缺乏有关酶,不能从头合成嘌呤核苷酸,它们只能利用由红细胞从肝运来的自由嘌呤碱及腺嘌呤核苷的补救合成嘌呤核苷酸;③缺少补救合成途径会引起从头合成嘌呤核苷酸的速率增加,会因嘌呤分解增多而大量积累尿酸,导致肾结石和痛风,临床上常用别嘌呤醇(次黄嘌呤结构类似物)治疗痛风症。

11. 核酸在核酸酶的作用下(如内切核酸酶,外切核酸酶)分解为寡核苷酸和单核苷酸,核苷酸酶(如磷酸单酯酶)可将单核苷酸分解为核苷与磷酸。核苷酶再将核苷分解为碱基+核糖-1-P 或碱基+脱氧核糖。核糖参加磷酸戊糖支路进行代谢,嘧啶可被分解生成 CO_2、氨和 β-丙氨酸,腺嘌呤和鸟嘌呤先水解成黄嘌呤和次黄嘌呤,再进一步被氧化成尿酸,尿酸还可逐步氧化成尿素。

七、计算与论述题

1. 维生素 B_6 是吡啶衍生物,在生物体内常以磷酸吡哆醛和磷酸吡哆胺两种活性形式存在,是氨基酸代谢中许多酶的辅酶。其主要作用:①转氨酶的辅酶,参与体内氨基酸的分解代谢和非必需氨基酸的生物合成;②氨基酸脱羧酶的辅酶,与 γ-氨基丁酸、牛磺酸、组胺、5-羟色胺、腐胺和精胺等生物活性物质的合成有关。

2. ①作为核酸 DNA 和 RNA 合成的基本原料;②体内的主要能源物质,如 ATP、GTP 等;③参与代谢和生理性调节作用,如 cAMP 是细胞内第二信号分子,参与细胞内信息传递;④作为许多辅酶的组成部分，如腺苷酸是构成辅酶Ⅰ、辅酶Ⅱ、FAD、辅酶A等的重要组分；⑤活化中间代谢物的载体，如UDP-葡萄糖是合成糖原等的活性原料，CDP-二酰基甘油是合成磷脂的活性原料，PAPS是活性硫酸的形式，SAM是活性甲基的载体等。

3. PRPP(磷酸核糖焦磷酸)在嘌呤核苷酸、嘧啶核苷酸从头合成与补救合成过程中都是不可缺少的成分，表现在：①在核苷酸补救合成中，PRPP与游离碱基直接生成各种一磷酸核苷；②在嘌呤核苷酸从头合成过程中，PRPP作为起始原料与谷氨酰胺生成PRA，然后逐步合成各种嘌呤核苷酸；③在嘧啶核苷酸从头合成过程中，PRPP参与乳清酸核苷酸的生成，再逐渐合成尿嘧啶一磷酸核苷等。

4. 嘌呤核苷酸与嘧啶核苷酸从头合成的异同点如下表所列。

合成项目	嘌呤核苷酸	嘧啶核苷酸
合成原料	天冬氨酸、谷氨酰胺、甘氨酸、CO_2、一碳单位、PRPP	天冬氨酸、谷氨酰胺、CO_2、PRPP、一碳单位(仅由胸苷酸合成)
合成程序	在磷酸核糖分子上逐步合成嘌呤环，从而形成嘌呤核苷酸	先合成嘧啶环，再与磷酸核糖结合形成核苷酸
反馈调节	嘌呤核苷酸产物反馈抑制PRPP合成酶、酰胺转移酶等	嘧啶核苷酸产物反馈抑制PRPP合成酶、氨基甲酰磷酸合成酶、天冬氨酸氨基甲酰转移酶等

5. ①1 mol丙氨酸经联合脱氨基作用产生丙酮酸＋NH_3＋NADH，1 mol NADH氧化可生成2.5 mol ATP；②1 mol丙酮酸在有氧状态下进入线粒体，被氧化脱羧生成1 mol乙酰CoA，同时生成1 mol NADH；③1 mol乙酰CoA进入三羧酸循环，彻底氧化生成水和CO_2，可提供10 molATP。

所以每个丙氨酸分子彻底的分解可产生2.5＋2.5＋10＝15 mol ATP。

八、综合题

1. 乌氨酸循环、三羧酸(TCA)循环和转氨基作用的联系如下图所示。

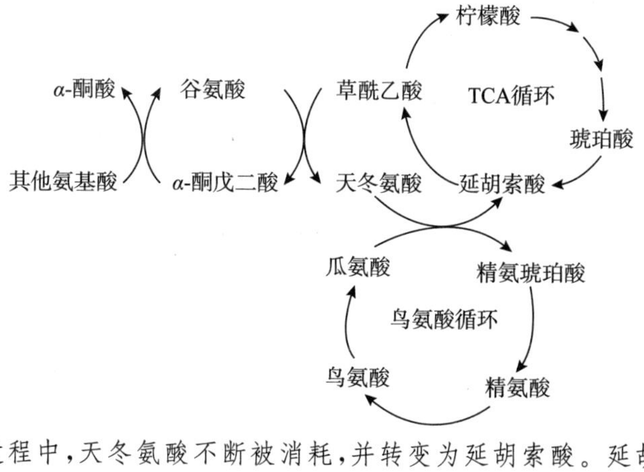

在鸟氨酸循环过程中，天冬氨酸不断被消耗，并转变为延胡索酸。延胡索酸可以经过三羧酸循环转化为苹果酸，苹果酸再氧化成草酰乙酸，后者可再与谷氨酸进行转氨基反应，重新生成天冬氨酸。而转氨酶又可催化其他的各种氨基酸把氨基转移给α-酮戊二酸生成谷氨酸，因此，其他各种氨基酸的氨基可以通过天冬氨酸的形式合成尿素。天冬氨酸和延胡索酸可使尿素循环、三羧酸循环和转氨基作用联系起来。

2.①合成蛋白质。②在氨基酸合成中，赖氨酸、蛋氨酸、苏氨酸、异亮氨酸的合成都是以天冬氨酸为前体，经过一系列复杂的反应生成。③天冬氨酸经脱氨基作用生成 NH_3 和草酰乙酸，NH_3 经肾脏直接排出体外或通过尿素循环生成尿素排出体外，草酰乙酸作为 TCA 循环的中间代谢物进入 TCA 循环彻底氧化分解或通过糖异生作用生成葡萄糖。草酰乙酸经转氨基作用重新生成天冬氨酸。④天冬氨酸经脱羧基作用生成 CO_2 和胺，胺在氧化酶的作用下进一步氧化生成羧酸。⑤天冬氨酸既可作为氨基供体参与嘌呤核苷酸的合成，也可作为嘧啶环原子的来源参与嘧啶核苷酸的合成。⑥天冬氨酸可作为氨基供体参与尿素的生成。⑦天冬氨酸可作为氨基供体参与嘌呤核苷酸循环。

第十章　核酸的生物合成

一、名词解释

1. 复制　2. 半保留复制　3. 复制子
4. 半不连续复制　5. 冈崎片段　6. 端粒
7. 端粒酶　8. 逆转录　9. DNA 损伤
10. 转换　11. 颠换　12. 诱发突变
13. 光修复　14. 切除修复　15. 重组修复
16. 转录　17. RNA 聚合酶　18. 启动子
19. RNA 复制

二、填空题

1. DNA 生物合成方式有 3 种方式，分别是________、________和________。

2. 大肠埃希菌 DNA 聚合酶Ⅰ除了聚合酶活性外，还兼有________和________两种外切核酸酶活性。

3. 大肠埃希菌 DNA 聚合酶Ⅰ的 3′→5′外切核酸酶活性的作用是________。

4. 在 DNA 复制过程中，合成的子链 DNA 的延伸方向是________；引物的合成是从 DNA 模板的________位点开始的。

5. 保证 DNA 复制忠实性的因素________、________、________和________。

6. 在大肠埃希菌中，在 DNA 复制和切除修复过程都发挥作用的酶是________和________。

7. 在转录过程中，把能够作为模板进行转录的一条链称为________，另一条链称为________。

8. 原核生物的 RNA 聚合酶有两种存在形式：一种是________；另一种是________。

9. 原核生物转录终止方式有两种，分别为________和________。

10. 非依赖 ρ 因子的转录终止子的特点是________和________。

11. 无论是原核生物还是真核生物 RNA 的转录过程都分为 3 个阶段：________、________和________。

12. 原核生物转录过程中，RNA 聚合酶______结合到起始位点；而真核生物的 RNA 聚合酶______结合到起始位点。

13. 真核生物 mRNA 的初始转录产物称为______，mRNA 初始转录产物的加工过程包括______、______、______和______等方面。

三、单项选择题

1. DNA 复制的反应体系不需要下列哪种成分？（　　）
A. 底物：dATP、dTTP、dGTP 和 dCTP
B. 底物：dAMP、dTMP、dGMP 和 dCMP
C. DNA 模板
D. 具有 3′-OH 的一段 RNA

2. 下列选项哪一个不是大肠埃希菌 DNA 聚合酶Ⅰ的活性？（　　）。
A. 3′→5′聚合酶活性　　B. 3′→5′外切核酸酶活性
C. 5′→3′外切核酸酶活性　　D. 5′→3′聚合酶活性

3. DNA 连接酶在 DNA 复制中的作用是（　　）。
A. 校正作用　　B. 合成引物
C. 连接 DNA 链　　D. 切除引物

4. 下列哪一种不是 DNA 复制所需要的酶？（　　）
A. 拓扑异构酶　　B. DNA 指导的 RNA 聚合酶
C. RNA 指导的 DNA 聚合酶　　D. 连接酶

5. 一个线性双链 DNA 分子经过连续 5 代复制后，原始 DNA 占总 DNA 的比例是（　　）。
A. 25%　　B. 12.5%　　C. 7.25%　　D. 3.125%

6. 大肠埃希菌 DNA 聚合酶Ⅰ的 5′→3′外切核酸酶活性的作用是（　　）。
A. 校正错配碱基对　　B. 切除 RNA 引物
C. 延长滞后链　　D. 延长前导链

7. 在 DNA 复制中，RNA 引物的作用是（　　）。
A. 提供 5′-磷酸末端　　B. 提供 3′-磷酸末端
C. 提供 5′-OH 末端　　D. 提供 3′-OH 末端

8. 端粒酶是一种具有（　　）的酶。
A. RNA 指导的 DNA 聚合酶活性　　B. DNA 指导的 DNA 聚合酶活性
C. 核糖核酸酶 H(RNase H)活性　　D. RNA 指导的 RNA 聚合酶活性

9. 能够被 RNaseH 特异切割的核酸分子为（　　）。
A. 双链 DNA　　B. 双链 RNA
C. RNA-DNA 杂合分子中的 DNA　　D. RNA-DNA 杂合分子中的 RNA

10. 与 DNA 修复过程缺陷有关的疾病是（　　）。
A. 着色性干皮病　　B. 黄疸
C. 痛风症　　D. 苯丙酮酸尿症

11. 原核生物 RNA 聚合酶的结构很复杂，由 5 个亚基组成，其中被称为起始因子的是(　　)。

A. β亚基　B. α亚基　C. σ亚基　D. β′亚基

12. 真核生物 RNA 聚合酶Ⅱ催化转录的产物是(　　)。

A. 45S rRNA　B. mRNA　C. 5S rRNA　D. tRNA

13. 在转录延长过程中,RNA 聚合酶沿着模板链移动的方向和 RNA 链的合成方向分别为(　　)。

A. 3′→5′和 3′→5′　B. 3′→5′和 5′→3′

C. 5′→3′和 3′→5′　D. 5′→3′和 5′→3′

14. 关于 DNA 指导的 RNA 合成,下列叙述哪一项是错误的?(　　)

A. 只有 DNA 存在,RNA 聚合酶才能催化磷酸二酯键的生成

B. 在转录过程中,RNA 聚合酶需要引物

C. RNA 链的合成是从 5′→3′

D. 在大多数情况下,只有一股 DNA 链作为模板

15. 决定转录起始点和转录频率的关键元件是(　　)。

A. 增强子　B. 启动子　C. 沉默子　D. 终止子

16. 启动子是下列哪个物质的结合部位?(　　)

A. 调节基因编码的产物　B. RNA 聚合酶

C. 诱导物　D. 辅阻遏物

17. 真核生物 mRNA 的加工方式不包括(　　)。

A. 5′端加帽子　B. 3′端加尾巴

C. 3′端添加 CCA 序列　D. 甲基化修饰

18 真核细胞 mRNA 5′端的"帽子"结构是指(　　)。

A. polyA　B. pppG　C. pppA　D. m^7G-pppNmN

19. hnRNA 是下列哪种 RNA 的前体?(　　)

A. tRNA　B. rRNA　C. mRNA　D. snRNA

20. 原核生物 rRNA 的初级转录产物为(　　)。

A. 45S rRNA　B. 30S rRNA　C. 28S rRNA　D. 23S rRNA

四、判断并改错

(　　)1. DNA 拓扑异构酶可以通过催化 DNA 链的瞬时断裂和闭合来释放由超螺旋产生的扭转张力,复制因此能够顺利进行。

(　　)2. 解旋酶是一类解开 DNA 双链的酶,反应过程中不需要能量提供。

(　　)3. 冈崎片段是 DNA 的滞后链经不连续方式合成的 DNA 片段,这是 Reiji Okazaki 在 DNA 合成实验中添加放射性的脱氧核苷酸前体观察到的。

(　　)4. 前导链的合成方向与复制叉的移动方向相反,通过不连续地 5′→3′方向聚合生成新的 DNA 链。

(　　)5. 转录时仅以 DNA 一条单链或 DNA 一条单链的某一区段为模板进行,因此称为不对称转录。

(　　)6. DNA 具有高度遗传稳定性，因此损伤后可以完全修复。

(　　)7. 端粒的复制是真核生物和原核生物染色体末端 DNA 序列复制过程，与衰老有关。

(　　)8. 无论是 DNA 复制，还是转录过程，其实质就是核酸链按一定方向进行聚合反应的过程。

(　　)9. 3′端尾巴是指真核生物 mRNA 的 3′端在转录后由多聚腺苷酸聚合酶催化添加的多聚腺苷酸(polyA)，这种末端的多聚腺苷酸片段通常称之为 polyA 尾部。

(　　)10. 转录真核生物 tRNA 的酶是 RNA 聚合酶Ⅰ。

(　　)11. hnRNA 称为核不均一 RNA，是真核生物 mRNA 的初始转录产物。

五、简答题

1. 简述 Meselson-Stahl 实验，并解释其如何证明 DNA 是半保留复制的。
2. 简述 DNA 复制时所需的主要酶类及其功能。
3. 简述原核生物 DNA 复制的主要过程。
4. DNA 复制过程中是如何保持遗传稳定性的？
5. 简述逆转录病毒的逆转录过程。
6. 真核生物染色体的端粒是怎样复制的？
7. 简述转录过程和复制过程的不同点。
8. 简述转录起始阶段的几个反应。
9. 简述真核生物转录与原核生物转录的不同点。
10. 简述真核生物 RNA 转录后加工方式。
11. 简述 RNA 病毒的主要复制方式。

六、论述题

为什么大多数生物的遗传物质都是 DNA？

参考答案

一、名词解释

1.复制是指分别以亲代DNA的双链为模板,按照碱基互补配对原则,合成子代双股DNA分子的过程。

2.半保留复制是指在子代DNA分子的两条链,一条来自亲代DNA分子,另一条是新合成的。

3.复制子是DNA复制的功能单位。1个复制子只含1个专一复制起点和复制结束的终点,1个完整的复制子在一个细胞周期中只复制1次。

4.半不连续性复制是指DNA复制过程中的前导链连续合成,而滞后链不连续合成的过程。

5.冈崎片段是指不连续合成的子代链DNA片段,以冈崎的名字命名。

6.端粒是真核生物染色体末端的特殊结构。其共同特点是在染色体的3′端都有富含G碱基的六核苷酸多次重复序列。端粒的功能主要是维持染色体的稳定性,防止染色体间末端连接,保证DNA复制的完整性。

7.端粒酶是一种RNA-蛋白质复合物,其RNA序列通常为150个碱基左右,可与端粒区的重复序列互补并作为端粒区重复序列延长的模板,其蛋白质部分具有逆转录酶活性,能以其自身携带的RNA为模板进行逆转录,延长端粒的3′端。

8.逆转录是指在逆转录酶的作用下,以mRNA为模板合成cDNA的过程。

9.DNA损伤是指正常DNA分子组成与结构的改变,即个别脱氧核糖核苷酸残基甚至片段DNA在构成、复制或表型功能上的异常变化。

10.转换是指发生在异型碱基之间的突变,即一种嘌呤被一种嘧啶置换或反之。

11.颠换是指发生在同型碱基之间的突变,即一种嘌呤(或嘧啶)代替另一种嘌呤(嘧啶)。

12.诱发突变是指采用人为措施诱导生物体的表型,或者遗传基因信息产生变异。

13.光修复是指通过光修复酶催化完成的一种DNA损伤修复方式。

14.切除修复是指将损伤DNA切除,用完整的那一条链作模板,合成出被切掉的那一部分,从而让DNA双螺旋恢复到正常的过程。

15.重组修复也称复制后修复,是指在复制后发生的一种类似遗传重组的修复方式。

16.转录是指以DNA为模板,在RNA聚合酶的催化下,按照碱基互补配对原则合成RNA的过程。

17.RNA聚合酶是指以DNA为模板,催化4种NTP聚合生成RNA链的聚合酶。

18.启动子是指RNA聚合酶识别、结合的一段保守的DNA序列,位于结构基因的上游。

19.RNA复制是指以RNA为模板合成RNA。

二、填空题

1.DNA指导的DNA合成(复制) RNA指导的DNA合成(逆转录) DNA修复合成

2.3′→5′ 5′→3′

3.校正错配的核苷酸

4. 5′→3′　*ori*

5. 碱基互补配对　半保留复制　DNA 聚合酶的校对作用　引物的切除

6. DNA 聚合酶Ⅰ　DNA 连接酶

7. 模板链/Crick 链/负(－)链　编码链/Watson 链/正(＋)链

8. 全酶　核心酶

9. 非依赖 ρ 因子的转录终止　依赖 ρ 因子的转录终止

10. 序列中有一段富含 G≡C 的反向重复序列　在反向重复序列的下游有 6～8 个 A═T 对

11. 转录起始　RNA 链的延伸　转录终止

12. 直接　间接

13. hnRNA　5′端加帽子　3′端加 polyA 尾巴　mRNA 剪接　甲基化修饰

三、单项选择题

1. B　2. A　3. C　4. C　5. D　6. B　7. D　8. A　9. D　10. A

11. C　12. B　13. B　14. B　15. B　16. B　17. C　18. D　19. C　20. B

四、判断并改错

1. √。

2. ×，解旋酶是一类解开 DNA 双链的酶，反应过程中需水解 ATP 供能。

3. √。

4. ×，滞后链合成方向与复制叉移动的方向相反，通过不连续地 5′→3′聚合合成的新的 DNA 链。

5. √。

6. ×，DNA 损伤后可易错修复，不是所有损伤都完全修复。

7. ×，端粒的复制真核生物染色体末端 DNA 序列复制过程，与衰老有关。

8. √。

9. √。

10. ×，真核生物 RNA 聚合酶有 3 种，RNA 聚合酶Ⅰ转录产物为 5.8S、18S、28S rRNA，RNA 聚合酶Ⅱ转录产物为 mRNA，RNA 聚合酶Ⅲ转录产物为 tRNA、5S rRNA。

11. √。

五、简答题

1. ①把 *E. coli* 在含有 ^{15}N ($^{15}NH_4Cl$) 为唯一氮源的培养基中培养 14 代，使细菌 DNA 分子上的 N 原子全部标记上 ^{15}N；②将细菌转移到以 $^{14}NH_4Cl$ 为唯一氮源的培养基中继续培养，在不同时间提取细菌中的 DNA，进行氯化铯(CsCl)密度梯度离心。结果如下图所示，从该结果可以推导出 DNA 的复制是半保留复制。

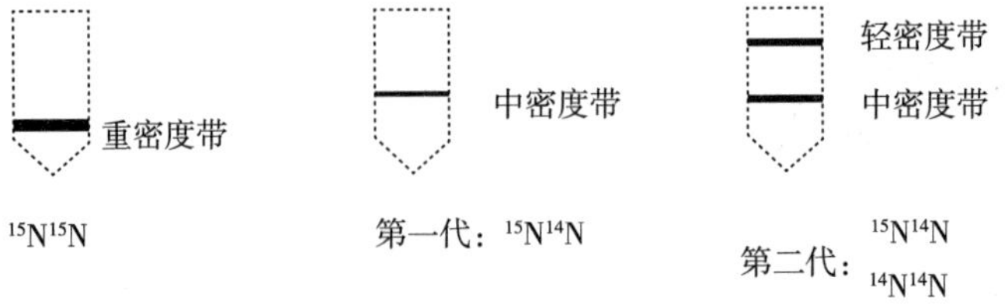

2. ①DNA聚合酶：催化核苷酸之间生成磷酸二酯键，也具有一定的校正功能；②拓扑异构酶：催化DNA超螺旋解开，使之变为双螺旋；③解旋酶：解开DNA双链，使之变为单链；④单链结合蛋白：与单链DNA结合，使之变为能够作为复制模板的稳定单链；⑤引物酶：以解旋后的单链DNA为模板，催化合成一小段带有3′-OH的RNA；⑥DNA连接酶：催化DNA双链中的一条单链缺口处游离的3′末端-OH与5′末端磷酸形成磷酸二酯键，从而把两段相邻的DNA链连成完整的链。

3. 原核生物DNA复制是一个半保留和半不连续复制过程，主要包括起始、延伸和终止阶段。复制起始过程比较复杂，包括起始位点的识别、模板DNA的解链、引物的合成等步骤，最终在复制起始点形成一段RNA引物，为DNA聚合酶留出3′-OH。延伸过程就是按照碱基互补配对原则，分别以两条母链为模板，DNA聚合酶以dNTP为底物，按5′-3′方向合成新的DNA链的过程。这是一个半不连续合成过程，前导链连续合成，滞后链不连续合成。终止是在终止位点通过终止子和终止蛋白复合物，停止新链延伸，再经过拓扑异构酶将母链和子链分离，完成复制过程。

4. 在DNA复制过程中，通过这些机制保持高度的遗传稳定性：①DNA在复制时必须严格遵守碱基互补配对规律；②细胞内具有完整的DNA修复机制；③DNA聚合酶需要引物；④DNA聚合酶的3′→5′外切核酸酶功能能够校对碱基错误配对；⑤DNA双螺旋结构提供了结构基础。

5. 逆转录病毒的逆转录过程包括的反应：①以单链RNA的基因组为模板，在逆转录酶的RNA指导的DNA聚合酶活性的催化下，合成一条单链cDNA，产物为DNA-RNA杂合分子；②杂合分子中的RNA链被逆转录酶的RNase H活性水解；③以新合成的单链cDNA为模板，逆转录酶的DNA指导的DNA聚合酶活性催化合成其互补DNA链，从而产生双链DNA分子。

6. ①端粒DNA的3′端和端粒酶所含的RNA分子的3′端形成碱基配对；②端粒酶利用RNA为模板，将dNTP加到端粒DNA的3′端，这个逆转录过程一直进行到RNA模板的第35位，③DNA-RNA杂交链之间发生相对滑动，新生长的端粒DNA链3′端再和RNA 3′端形成新的碱基配对，重新暴露部分RNA模板序列；④继续逆转录过程。该结合→聚合→转位的过程周而复始，直至在端粒DNA的3′端形成足够长度(提供后随链回旋时所需的长度)的单链突出；⑤该3′突出端能够弯转过来成为后随链合成的起始端，然后由DNA聚合酶复制DNA 5′端空缺的DNA，最后由连接酶连接。

7. ①复制时两条DNA链均为模板，转录时一条DNA链为模板；②复制时dNTP为底物，转录时NTP为底物；③复制时需要DNA聚合酶、连接酶等，转录时仅需要RNA聚合酶；④复制产物为子产物代双链DNA，转录产物为mRNA、tRNA、rRNA；⑤复制时A═T、G═C配对，转录时A═U、G≡C、T═A配对；⑥复制时需要一小段RNA为引物，转录时不需引物。

8. 转录起始阶段包括几个反应：①RNA聚合酶全酶的σ亚基识别模板DNA的启动子，并与之紧密结合；②局部解开双螺旋，以使模板链可与核糖核苷酸进行碱基配对；③RNA聚合酶催化底物核苷酸脱去焦磷酸形成磷酸二酯键，合成RNA链最初的2～9个核苷酸后，σ亚基脱离，起始阶段结束。

9. 真核生物转录在很多方面与原核生物转录不同，具有某些特殊规律，主要包括：①转录单位一般为单基因(单顺反子)，而原核生物的转录单位多为多基因(多顺反子)；②真核生物的

3种成熟的RNA分别由3种不同的RNA聚合酶催化合成；③在转录起始阶段，RNA聚合酶必须在特定的转录因子参与下才能起始转录；④组织或时间特异表达的基因转录常与增强子有关，增强子是位于转录起始点上游的远程调控元件，具有增强转录效率的作用；⑤转录调节方式以正调节为主，调节蛋白的种类是转录因子或调节转录因子活性的蛋白因子。

10. 真核生物RNA转录后加工方式包括：①mRNA的5′端形成帽子结构；②mRNA的3′端加上polyA的尾巴；③内含子的切除；④外显子的拼接及选择性剪接；⑤RNA序列编辑；⑥碱基修饰。

11. ①以RNA(+)为模板合成RNA(−)，再以此RNA(−)为模板合成RNA(+)；②以RNA(+)为模板，逆转录生成cDNA，再转录生成RNA(+)；③以RNA(±)为模板，经RNA复制合成RNA(+)作为合成蛋白质的模板，再与复制的RNA(−)形成RNA(±)；④以RNA(−)为模板合成RNA(+)，RNA(+)为模板翻译出所需蛋白及复制出RNA(−)。

六、论述题

①DNA的化学结构比RNA更稳定。构成DNA的单体是脱氧核糖核酸，与RNA的单体核糖核酸相比，其糖环少了一个自由羟基，更不易发生反应，且DNA的碱基胸腺嘧啶也比RNA的尿嘧啶更加稳定。②细胞内结构更稳定。DNA链是双链结构，完全互补配对，而RNA链是单链结构，更容易断裂。③遗传稳定性更好。DNA复制有校对和损伤修复功能，而RNA复制无校对功能，更容易变异。

第十一章　蛋白质的生物合成

一、名词解释

1. 翻译　　2. 密码子　　3. 同义密码子
4. 遗传密码的简并性　　5. 摆动配对　　6. 氨酰-tRNA
7. SD 序列　　8. 核糖体循环　　9. 分子伴侣
10. 干扰素　　11. 反义 RNA

二、填空题

1. 蛋白质的生物合成通常以________作为起始密码子，以________、________和________作为终止密码子。

2. 编码同一种氨基酸的不同密码子被称为________。

3. 细胞内多肽链合成的方向是从________端到________端，而阅读 mRNA 的方向是从________端到________端。

4. 某一种 tRNA 的反密码子是 $5'$-UGA-$3'$，它识别的密码子序列是________。

5. ________是蛋白质合成的场所。

6. 核糖体上能够结合 tRNA 的部位有两个，分别称为________位和________位。

7. 氨酰- tRNA 合成酶对________和________均有专一性，它至少有 2 个识别位点。

8. 原核生物细胞内起始氨酰-tRNA 为________，真核细胞内起始氨酰-tRNA 为________，蛋白质合成时它们进入到核糖体的________位。

9. 核糖体________亚基上的________帮助识别起始密码子前的 SD 序列。

10. 原核生物肽链合成起始复合体由 mRNA、________和________组成。

11. 肽链延伸包括进位、________和________，三个步骤周而复始地进行。

12. 蛋白质合成的能量来源是________。

13. 许多生物核糖体连接于一个 mRNA 形成的复合物称为________。

14. 真核生物肽链合成起始复合体由 mRNA、________和________组成。

15. 保证翻译过程氨基酸排列顺序准确的关键是________和________。

16. 蛋白质合成后的空间结构修饰包括________和________。

17. 链霉素和卡那霉素能与原核生物核糖体________亚基结合，改变其构象，引起

__________，导致合成的多肽链一级结构改变。

18. 氯霉素能与原核生物核糖体__________亚基结合，抑制__________酶活性，从而抑制蛋白质合成。

三、单项选择题

1. 多肽链的氨基酸序列取决于(　　)。

A. mRNA　　B. 18S rRNA　　C. 28S rRNA　　D. tRNA

2. mRNA 中的简并现象是指(　　)。

A. 一种氨基酸只有一种密码子　　B. 一种以上密码子体现一种氨基酸

C. 一种密码子不体现任何氨基酸　　D. 一种密码子既体现氨基酸，又是启动信号

3. 密码 GGC 的对应反密码子是(　　)。

A. GCC　　B. CCG　　C. CCC　　D. CGC

4. 在蛋白质的生物合成中，肽链延伸的方向是(　　)。

A. 从羧基端到氨基端　　B. 从 N-端到 C-端

C. C-端和 N-端同时进行　　D. 可同时由 mRNA 的 3′-端与 5′-端方向进行

5. 摆动配对是指下列哪个碱基之间配对不严格？(　　)

A. 反密码子第一个碱基与密码子第三个碱基

B. 反密码子第三个碱基与密码子第一个碱基

C. 反密码子和密码子第一个碱基

D. 反密码子和密码子第三个碱基

6. 在体内，当氨基酸合成蛋白质时，其活化方式为(　　)。

A. 磷酸化　　B. 生成氨基酰 CoA

C. 生成氨酰-tRNA　　D. 与起始因子结合

7. 细胞中的蛋白质生物合成的主要部位在(　　)。

A. 细胞核　　B. 线粒体　　C. 核糖体　　D. 高尔基复合体

8. 核糖体上 A 位点的作用是(　　)。

A. 接受新的氨基酰-tRNA 到位　　B. 含有肽基转移酶活性，催化肽键的形成

C. 可水解肽酰 tRNA、释放多肽链　　D. 合成多肽链的起始点

9. 原核生物携带起始氨基酸的起始 tRNA 是(　　)。

A. $tRNA_f^{Met}$　　B. $tRNAi^{Met}$　　C. $tRNA_f^{Met}$　　D. $tRNAi^{fMet}$

10. 翻译延长的进位是指(　　)。

A. 翻译起始复合物的生成

B. 肽酰-tRNA 进入 P 位

C. 由延长因子 EF-G 带领，不需消耗能量

D. 下一位氨基酸的氨酰-tRNA 进入核糖体的 A 位

11. 肽链合成终止的原因是(　　)。

A. 翻译到达 mRNA 的尽头

B. 特异的 tRNA 识别终止密码

C. 释放因子能识别终止密码子并进入 A 位

D. 终止密码子本身具有酯酶功能，可水解肽酰基与 tRNA 之间的酯键

12. 翻译过程中不需要 GTP 水解的一步是(　　)。

A. 翻译的起始　　B. 氨酰-tRNA 进入 A 位

C. 转肽反应　　D. 移位反应

13. 为蛋白质生物合成中的肽链延伸提供能量的是(　　)。

A. ATP　　B. CTP　　C. GTP　　D. UTP

14. 在蛋白质合成中，把一个游离氨基酸掺入多肽链共需消耗多少高能磷酸键？(　　)

A. 1　　B. 2　　C. 3　　D. 4

15. 一个 N 端氨基酸不是甲硫氨酸的 20 肽，其开放阅读框架至少应由多少核苷酸残基组成？(　　)

A. 60　　B. 63　　C. 66　　D. 69

16. 关于蛋白质生物合成，下列叙述错误的是(　　)。

A. 氨基酸必须活化成活性氨基酸

B. 20 种编码氨基酸各自有相应的密码子

C. 活化的氨基酸靠相应的 tRNA 搬运到核糖体

D. tRNA 的反密码子与 mRNA 上的密码子严格按碱基配对原则结合

17. 关于多聚核糖体，下列叙述正确的是(　　)。

A. 一种多顺反子

B. mRNA 与核糖体小亚基的聚合体

C. 核糖体大、小亚基的聚合体

D. 一组核糖体与一个 mRNA 不同区段的结合物

18. 下列反应不属于肽链合成后加工处理的是(　　)。

A. 切除 N 端甲硫氨酸　　B. 磷酸酯键的形成

C. 二硫键的形成　　D. 个别氨基酸的共价修饰

19. 一种抗生素干扰核糖体的移位，那么它对细菌的翻译造成的影响是(　　)。

A. 合成出的蛋白质比正常的短　　B. 没有

C. 合成出的蛋白质大小正常，但没有功能　　D. 无蛋白质产生

20. 嘌呤霉素能抑制蛋白质合成，因为(　　)。

A. 能抑制肽酰转移酶活性

B. 与 tRNA 结合会影响氨基酸运输

C. 能取代氨酰-tRNA 进入核糖体 A 位，导致肽链合成终止

D. 与 mRNA 结合会影响起始复合物生成

四、判断并改错题

(　　)1. 编码同一种氨基酸的同义密码子的差别一般在第 3 位核苷酸。

(　　)2. 密码子与反密码子都是由 A、G、C 和 U 4 种碱基构成的。

(　　)3. 每种氨基酸只能有一种特定的 tRNA 与之对应。

(　　)4. 蛋白质的合成方向是从 N-端到 C-端。

(　　)5. 核糖体活性中心的 A 位和 P 位均在大亚基上。

(　　)6. 在蛋白质生物合成中，所有的氨酰-tRNA 都是最先进入核糖体的 A 部位。

(　　)7. 原核细胞新生肽链 N 端第一个残基为 fMet；真核细胞新生肽链 N 端为 Met。

(　　)8. 在翻译起始阶段，完整的核糖体直接与 mRNA 的 5′-端结合，从而开始蛋白质的合成。

(　　)9. 每个氨酰-tRNA 进入核糖体的 A 位都需要延长因子的参与，并消耗 1 分子 GTP。

(　　)10. 蛋白质合成过程所需的能量都由 ATP 直接供给。

(　　)11. 大多数从核糖体上释放出来的多肽不具有生物活性。

五、简答题

1. 请说明 3 种 RNA 在蛋白质生物合成中的作用。

2. 简述原核生物 70S 起始复合物的组装过程。

3. AUG 是原核生物蛋白质翻译时的起始密码子，又可以作为蛋白质肽链中蛋氨酸的密码子。在翻译开始时，核糖体是怎样辨认 mRNA 顺序中作为起始密码子的 AUG 的？

4. 某一肽链中有一段含 15 圈 α-螺旋的结构，问：

(1)这段肽链的长度为多少？含有多少个氨基酸残基？

(2)翻译的模板链是何种生物分子？它对应的这段 α-螺旋片段至少由多少个基本结构单位组成？

(3)在合成这段肽链过程中，若以氨基酸为原料，活化阶段至少消耗多少 ATP？延长阶段至少消耗多少 GTP？

5. 简述真核生物的蛋白质合成特点。

6. (1)某一噬菌体的 DNA 有 1.5×10^4 bp，按 B-DNA 结构参数计算，该 DNA 可转多少圈螺旋？形成的双链环状结构的垂直高度是多少 nm？

(2)若噬菌体中一肽链含有 90 个氨基酸残基，该肽链最多可形成多少圈 α-螺旋？该肽链还有可能形成哪些二级构象形式？肽链对应的 mRNA 至少有多少个核苷酸？

7. 简述真核生物 mRNA 5′端“帽子”的特点与作用。

8. 氯霉素在作为抗生素治疗动物的细菌感染时有副作用，原因是什么？

9. 四环素类抗生素的主要代表有哪些？其作用机制是什么？

10. 干扰素抑制病毒蛋白质合成的作用方式有哪些？

六、论述题

1. 什么是密码子？其有哪些基本特性？

2. 什么是反义 RNA，其主要的作用方式有哪些？

3. 蛋白质的一级结构修饰的主要类型有哪些？

参考答案

一、名词解释

1. 以 mRNA 为模板，以各种氨基酸为原料合成蛋白质的过程，这个过程被称为翻译。

2. mRNA 分子上从 5′→3′方向，相邻三个核苷酸为一组，代表多肽链上的某一个氨基酸或蛋白质合成的起始或终止信号，这些三联体统称为遗传密码，其中单个的三联体也称为密码子。

3. 除色氨酸和甲硫氨酸，其余氨基酸均有 2 个或更多个三联体为其编码，编码同一氨基酸的不同密码子称为同义密码子。

4. 多种密码子编码一种氨基酸的现象称为遗传密码的简并性。

5. mRNA 上的密码子与 tRNA 上的反密码子互相配对辨认时并不完全遵照碱基互补配对规律，称为摆动配对。

6. 氨酰-tRNA 是一种与之对应的氨基酸相结合的 tRNA(也被称作“转移核糖核酸”)。它的职责是将氨基酸传递到核糖体，在那里会与正在延伸中的多肽链合并，且将氨基酸加入其中。

7. 在原核生物 mRNA 起始密码子前约 10 个核苷酸处，存在一段富含嘌呤碱基的核苷酸序列(4～9 bp)，可与小亚基 16S rRNA 3′-端富含嘧啶的短序列互补结合，这段序列被称为 SD 序列。

8. 当第一个核糖体翻译完成后就解聚，其大小亚基又去结合这条 mRNA 的起始密码子，进行第二轮同种多肽链的翻译。依此类推，这种多个核糖体同时在一条 mRNA 上进行多条同种多肽链循环合成的过程叫作核糖体循环。

9. 分子伴侣广泛存在于原核生物和真核生物细胞，是一个结构上互不相同的蛋白质家族，它们能识别肽链的非天然构象，以促进蛋白质正确折叠。

10. 干扰素是指由真核细胞感染病毒后产生的一类蛋白质。干扰素可抑制病毒的蛋白质合成，从而阻止其繁殖。

11. 反义 RNA 是指能与 mRNA 互补结合从而阻断翻译的 RNA 分子。其结合位置可以是 mRNA 起始序列，也可以是 mRNA 的翻译区。

二、填空题

1. AUG　UAA　UAG　UGA

2. 同义密码子

3. N 氮 C 碳　5′　3′

4. UCA

5. 核糖体

6. A 位(肽酰位)　P 位(氨基酰位)

7. 氨基酸　tRNA

8. fMet-tRNAi　Met-tRNAi　P

9. 小亚基　16sRNA

10. 70S 核糖体 fMet-tRNAi

11. 转肽 移位

12. ATP 和 GTP

13. 多核糖体

14. 80S 核糖体 Met-tRNAi

15. 氨基酸与 tRNA 的特异结合 密码子与反密码子的特异结合

16. 辅基连接 亚基聚合

17. 小 读码错误

18. 大 肽酰转移

三、单选题

1. A 2. B 3. A 4. B 5. A 6. C 7. C 8. A 9. D 10. D

11. C 12. C 13. C 14. D 15. B 16. D 17. D 18. B 19. D 20. C

四、判断并改错题

1. √。

2. ×，反密码子中含有次黄嘌呤。

3. ×，原核生物的 tRNA 有 60～70 种，真核生物的 tRNA 有 110～120 种，而氨基酸仅为 20 种，一种氨基酸对应一种或几种 tRNA 分子。

4. √。

5. ×，核糖体活性中心的 A 位和 P 位均在小亚基上。

6. ×，起始氨酰-tRNA 进入 P 位点。

7. √。

8. ×，核糖体需要解离成大小两个亚基才能够与 mRNA 结合，启动翻译。

9. √。

10. ×，在蛋白质合成过程中，氨基酸活化需要的能量由 ATP 直接提供，肽链延长所需能量都由 GTP 直接供给。

11. √。

五、简答题

1. ①在蛋白质的合成中，mRNA 携带遗传信息，作为蛋白质合成的模板在核糖体上指导蛋白质合成。②tRNA 的 3′-端有-CCA 结构可与氨基酸结合，生成相应的氨酰-tRNA，到达核糖体后由 tRNA 上的反密码子与 mRNA 上的密码子相互识别，使其所携带的氨基酸正确参与蛋白质合成。③rRNA 和多种蛋白质结合形成核糖体，核糖体是蛋白质合成的场所，其上有结合 mRNA、tRNA 及氨基酸的结合位点。

2. ①核糖体小亚基与 mRNA 的结合形成 IF3-30S-mRNA 复合物，核糖体小亚基 16S rRNA 的-UCCUCC-序列可识别 mRNA 的 SD 序列。②起始氨基酰-tRNA 与 30S-mRNA 结合，在 IF-1、IF-2 及 GTP 参与下，释放 IF-3 形成 30S 翻译起始复合物：fMet-$tRNAi^{fmet}$-IF2-IF1-GTP-30S-mRNA。③50S 大亚基与 30S 小亚基结合，同时 IF-1、IF-2、GTP 相继脱落，形成 70S 翻译起始复合物：70S-fMet-$tRNAi^{fMet}$-mRNA。

3. 在原核生物中，起始密码子 AUG 编码甲酰甲硫氨酸，在结构蛋白的中间，其编码甲硫氨酸。起始密码子 AUG 的识别主要依靠 mRNA 上起始密码子前面的 SD 序列。原核生物

mRNA 起始密码子前约 10 个核苷酸处，存在一段富含嘌呤碱基的核苷酸序列（4～9 bp），可与小亚基 16S rRNA 3′-端富含嘧啶的短序列互补结合。紧挨着 SD 序列下游的 AUG 即为起始密码子。

4.（1）肽链长度：15×0.54=8.1（nm）；氨基酸残基数：15×3.6=54（个）。

（2）翻译的模板链是 mRNA 分子，对应这段 α-螺旋片段的 mRNA 至少含有 162 个核苷酸（54×3=162）。

（3）活化阶段消耗 ATP 数：54×2=108（个）；延长阶段消耗 GTP 数：54×2=108（个）。

5. 真核生物的蛋白质合成与原核生物基本相同，只是过程更加复杂一些，其特点：①真核生物核糖体更大更复杂，大小 80S，小亚基 40S、大亚基 60S。②真核细胞的起始氨基酸也是甲硫氨酸（蛋氨酸），但不需要进行甲酰化。③真核细胞的 mRNA 无 SD 序列，但其 5′端有"帽子"结构，该结构可促进 mRNA 与核糖体的结合及蛋白质合成起始复合物的形成。④真核细胞 mRNA 是单顺反子，即一种 RNA 只能翻译产生一种蛋白质。⑤真核生物的蛋白质合成与 mRNA 的转录过程不同时进行。⑥真核生物的翻译过程需要更多的蛋白因子参与。有 13 种起始因子、2 种延长因子和 1 种终止因子。

6.（1）DNA 双螺旋圈数：$1.5\times10^4/10=1.5\times10^3$（圈）；垂直高度：$1.5\times10^3\times3.4=5.1\times10^3$（nm）。

（2）α-螺旋圈数：90/3.6=25（圈）；还可能出现 β-折叠、β-转角、无规卷曲结构形式；肽链对应的 mRNA 至少有 270 个核苷酸。

7. 特点：真核生物的 mRNA 的 5′端有一个称为"帽子"的特殊结构——m^7G-5′ppp5′-Nm，即 5′端的 G 被甲基化成甲基鸟苷（m^7G），后者通过 3 个磷酸基与相邻的核苷酸以 5′-5′-磷酸酯键相连，而这个相邻的核苷酸常常在 $C_{2'}$-OH 上甲基化（Nm）。

作用："帽子"结构可抵御 mRNA 被 5′核酸外切酶降解的作用，它还是翻译起始时核糖体最先识别的部位，mRNA 能非常快地与核糖体结合，以促进蛋白质合成起始复合物的形成，翻译过程能在起始密码子 AUG 处。

8. 氯霉素通过抑制核糖体大亚基的肽酰转移酶可阻断细菌的翻译过程，它不妨碍真核生物核糖体大亚基的肽酰转移酶。但动物细胞线粒体中的核糖体与细菌核糖体相似，氯霉素可阻断该细胞器的蛋白质合成，这是该药物用于动物治疗时产生副作用的主要原因。

9. 四环素类抗生素的主要代表有四环素、金霉素、土霉素等。其作用机制是它们可与原核生物的核糖体小亚基结合，阻碍氨酰-tRNA 与小亚基结合。真核生物中的核糖体对该类药敏感，但该类药不能通过真核生物的细胞膜，以避免它抑制真核生物蛋白质的合成。

10. 其作用方式表现在两方面：一方面，它在双股 RNA（如某些病毒 RNA）存在时能活化一种蛋白激酶，这种激酶可使起始因子 eIF-2 磷酸化，而抑制细胞的蛋白质生物合成，由此达到抑制病毒蛋白的生物合成，病毒无法繁殖。另一方面，干扰素与 dsRNA 能共同诱导细胞中 2′,5′-寡聚腺苷酸合成酶，催化 ATP 将 2′,5′-磷酸二酯键转化为 2′,5′-寡聚腺苷酸，其能使无活性的核酸内切酶激活，从而促进 mRNA 的降解，抑制病毒蛋白质的合成。

六、论述题

1. mRNA 上的每 3 个相邻的核苷酸构成一个三联体，每个三联体代表一种氨基酸或肽链合成的起始或终止信号，这样的三联体称为密码子。4 种核苷酸共组成 64 个密码子，其中 AUG 是起始密码子（也可编码 Met），而 UAA、UAG、UGA 是终止密码子，其余均为代表氨基酸的密码子。

特性：①通用性，不同生物共用一套密码；②连续性，密码子连续排列，既无间隔又无重叠；③方向性，编码方向是5′→3′；④简并性，除了个别氨基酸（Met和Trp）各只有一个密码子之外，其余每种氨基酸都有2～6个密码子，⑤摆动性，在密码子与反密码子相互识别的过程中密码子的第一个核苷酸起决定性作用，而第二个，尤其是第三个核苷酸能够在一定范围内进行变动。

2. 反义RNA（antisense RNA）是指能与mRNA互补结合从而阻断翻译的RNA小分子，是基因的编码链（反义链）的转录产物，对基因表达的调节属于一种翻译水平的调控。天然的具有功能的反义RNA分子一般在200 bp以下。

反义RNA的作用方式：①反义RNA按照碱基配对原则与mRNA 5′端非翻译区，包括与SD序列相结合，阻止了mRNA与核糖体小亚基结合，直接抑制翻译；②反义RNA与mRNA 5′端编码区起始密码子AUG结合，从而抑制mRNA翻译起始；③反义RNA与mRNA的编码区互补结合，使mRNA构象改变，影响其与核糖体结合，间接抑制了mRNA的翻译。

3. ①末端氨基的脱甲酰化和N端甲硫氨酸的切除：天然蛋白质N末端一般多不以甲硫氨酸作为第一位氨基酸。在细胞内的脱甲酰基酶（原核生物）和氨肽酶（真核生物）催化下，切除N末端的甲酰甲硫氨酸或甲硫氨酸。这个过程不一定等肽链合成终止才发生，有时边合成，边加工。

②个别氨基酸的共价修饰：某些蛋白质肽链中存在共价修饰氨基酸残基。经磷酸化、羟基化、酰基化和甲基化等修饰后，蛋白质肽链转化为有活性的蛋白质。例如，有些酶的活性中心含磷酸化的丝氨酸、苏氨酸或酪氨酸残基。这些磷酸化的氨基酸残基都是在肽链合成后，由相应残基的—OH被磷酸化而形成的。某些凝血酶原中的谷氨酸可发生羧化作用，转化为γ-羧基谷氨酸，后者可与Ca^{2+}螯合。胶原蛋白中存在的羟赖氨酸和羟脯氨酸并无遗传密码，它们由肽链上赖氨酸残基和脯氨酸残基经内质网上羟化酶催化生成。肽链中的半胱氨酸之间可形成二硫键，参与维系蛋白质空间构象。

③多肽链的水解：某些无活性的蛋白质前体可经蛋白酶水解，切除部分肽段后生成有活性的蛋白质。例如，关于胰岛素的合成，首先，合成较大的前体，即前胰岛素原。其次，水解切去一段由1～24位氨基酸的N端信号序列，并形成二硫键，生成胰岛素原。胰岛素原再由肽链内切酶在两处切去两对碱性氨基酸，并由肽链外切酶再切去一段连接的肽链（C肽）。最后，生成胰岛素的两条以二硫键连接的A链、B链。有些肽类激素、神经肽类及生长激素等由无活性的前体转变为有活性的形式，都是特异蛋白水解酶切除修饰的结果。

第十二章　基因表达调控

一、名词解释

1. 基因表达　　2. 持家基因　　3. 顺式作用元件
4. 反式作用因子　　5. 增强子　　6. 沉默子
7. 转录因子　　8. 操纵子　　9. 操纵基因
10. 结构基因　　11. 染色质重塑　　12. siRNA
13. miRNA

二、填空题

1. 常见的真核基因顺式作用元件有__________、__________和__________。

2. 反式作用因子可分为__________和__________两种类型，反式作用因子至少具有__________和__________两种功能结构域。

3. 常见的 DNA 结合域有__________、__________和__________等类型。

4. 阻遏蛋白是由__________基因合成的产物，它能与操纵子的__________基因结合，阻止__________基因的转录。

5. 操纵子调节系统是属于__________水平调节，大肠埃希菌乳糖操纵子受到__________负调控和__________正调控。

6. 乳糖是__________，它与__________结合，阻遏蛋白失去活性，因而__________得以转录。

7. CAP 是一种__________调节物，它与__________形成复合物，调节转录的起始过程。

8. 乳糖操纵子属于__________操纵子，色氨酸操纵子属于__________操纵子，前者结构基因的开放受__________诱导，后者结构基因的关闭受__________反馈阻遏。

9. 真核生物染色体 DNA 水平上的基因调控就是通过改变基因组中有关基因的__________和__________而实现的基因调控。染色质水平的调控主要机制是对__________和__________进行修饰。

10. 真核生物基因转录水平的调控主要是通过__________和__________两个调控元件的相互作用来实现。

三、单项选择题

1. 启动子是下列哪个物质的结合部位？（　　）

A. 调节基因编码的产物　　B. RNA 聚合酶

C. 诱导物　　D. 辅阻遏物

2. 反式作用因子的化学本质是（　　）。

A. 核内蛋白质　　B. 胞液蛋白质

C. 特殊的 DNA 序列　　D. RNA 序列

3. 操纵子调控系统属于下列哪一种水平的调控？（　　）

A. 复制水平的调控　　B. 转录水平的调控

C. 翻译水平的调控　　D. 转录后加工的调控

4. 关于调节基因，下列叙述正确的是（　　）。

A. 编码阻遏蛋白的结构基因

B. 调节基因的产物是激活物

C. 各种操纵子的调节基因都与结构基因相毗邻

D. 调节基因的产物是辅阻遏蛋白

5. 辅阻遏物一般是操纵子结构基因表达的酶所催化反应的（　　）。

A. 底物　　B. 终产物　　C. 诱导物　　D. 阻遏蛋白

6. 诱导物一般是操纵子结构基因表达的酶所催化反应的（　　）。

A. 底物　　B. 终产物　　C. 诱导物　　D. 阻遏蛋白

7. 乳糖操纵子调节基因的表达产物是（　　）。

A. 活性阻遏蛋白　　B. 无活性阻遏蛋白　　C. cAMP　　D. CAP

8. 对乳糖操纵子起正调控作用的物质是（　　）。

A. CAP　　B. cGMP

C. CAP-cAMP 复合物　　D. cAMP

9. 色氨酸操纵子调节基因的表达产物是（　　）。

A. 活性阻遏蛋白　　B. 无活性阻遏蛋白

C. 诱导物　　D. 辅阻遏物

10. 关于真核生物基因转录调控，下列叙述错误的是（　　）。

A. RNA 聚合酶必须结合转录因子才能激活

B. 转录水平的调控是重要的调控水平

C. 真核生物所有基因的转录复合物的形成都是同一模式

D. 真核生物不同的 RNA 聚合酶激活需要不同种类的转录因子

四、判断并改错

（　　）1. 基因表达具有时空特异性。

（　　）2. 有些基因是持续稳定表达的。

(　　)3. 顺式作用元件是位于结构基因上游的保守序列。
(　　)4. 反式作用因子也是基因表达产物，但对基因表达有调控作用。
(　　)5. 原核生物基因表达调控相对简单，就是通过操纵子模式进行的。
(　　)6. 原核生物调节基因表达产物一般具有阻遏作用。
(　　)7. 阻遏蛋白是指由操纵基因表达出的阻止结构基因转录的蛋白质。
(　　)8. 诱导物能与活性型阻遏蛋白结合，并使阻遏蛋白因空间结构改变而失去活性。
(　　)9. 辅阻遏物能与无活性的阻遏蛋白结合，并使阻遏蛋白空间结构改变，成为有活性的阻遏蛋白。
(　　)10. CAP 又称为降解物基因激活蛋白，它与 cAMP 结合形成复合物结合到启动子的 CAP 结合位点后，可抑制 RNA 聚合酶与启动子结合。

五、简答题

1. 简述操纵子模型，并阐明各组分的功能。
2. 简述乳糖操纵子的负调控机理。
3. 简述乳糖操纵子的正调控机理。为什么葡萄糖水平对正调控作用有影响？
4. 简述色氨酸操纵子的反馈阻遏调控机理。
5. 简述真核生物基因表达的特点。

六、论述题

以乳糖操纵子为例，说明原核生物转录水平调控机制。

参考答案

一、名词解释

1. 基因表达是指储存遗传信息的基因经过转录和翻译表现出生物功能的过程。

2. 持家基因是指所有细胞中均要稳定表达的一类基因，其产物是维持细胞基本生命活动所必需的。

3. 顺式作用元件是指既不被转录也不被翻译，但对自身基因表达有调节活性的DNA序列。

4. 反式作用因子是指能够与顺式作用元件结合，调节基因转录效率的一组核内蛋白质。

5. 增强子是指远离转录起始点、决定基因表达的时间和空间特异性、具有增强启动子转录活性的DNA序列。

6. 沉默子是指某些真核基因内含有的起负性调节作用的DNA序列，当其与反式作用因子结合时，它对基因的转录起阻遏作用。

7. 转录因子是指RNA聚合酶起始转录所需的辅助因子（蛋白质）。其作用是识别RNA聚合酶或者DNA分子上的调控序列。

8. 操纵子是原核生物基因表达调控的功能单位，一般由启动子、操纵基因和一个或多个功能相关的结构基因组成。

9. 操纵基因是指位于启动子和结构基因之间的特异性DNA序列，是活性型阻遏蛋白的结合位点，由它来开启和关闭相应结构基因的转录。

10. 结构基因是位于操纵子的下游，转录mRNA的模板。

11. 染色质重塑是指染色质位置和结构的变化，主要涉及核小体的置换或重新排列。

12. siRNA是指干扰小RNA，具有21～25 bp长度的双链非编码RNA，通常为外源性的，由Dicer酶切割dsRNA产生，与蛋白质形成RNA诱导沉默复合物(RISC)后具有各种调节功能，可以通过与目标mRNA的互补结合，诱发目标mRNA的解体，沉默目标基因的表达。

13. miRNA是指微小RNA，由21～24个核苷酸组成的单链小分子非编码RNA，通常为内源性的，与蛋白质形成复合物时有调节功能，可与mRNA不翻译区互补结合，抑制蛋白质的翻译。

二、填空题

1. 启动子　增强子　沉默子

2. 通用转录因子　特异性转录因子　DNA结合域　转录活性域

3. 锌指结构　亮氨酸拉链　螺旋-环-螺旋结构

4. 调节　操纵　结构

5. 转录　阻遏蛋白　cAMP-CAP

6. 诱导物　活性型阻遏蛋白　结构基因

7. 正调控　cAMP

8. 可诱导型　可阻遏型　乳糖　色氨酸

9. 数量　顺序结构　组蛋白　DNA

10.顺式作用元件　　反式作用因子

三、单项选择题

1.B　2.A　3.B　4.A　5.B　6.A　7.A　8.C　9.B　10.C

四、判断并改错

1.√。

2.√。

3.×,顺式作用元件不都是位于结构基因上游的保守序列,例如,有的位于下游。

4.√。

5.×,原核生物基因表达调控相对简单,多数是通过操纵子模式进行的。

6.√。

7.×,阻遏蛋白是指由调节基因表达出的阻止结构基因转录的蛋白质。

8.√。

9.√。

10.×,CAP-cAMP 复合物可促进 RNA 聚合酶与启动子结合。

五、简答题

1.操纵子是原核生物基因表达调控的功能单位,由启动子、操纵基因和一个或多个功能相关的结构基因组成。

各组分的功能:①启动子是与 RNA 聚合酶结合并启动转录的特异性 DNA 序列;②操纵基因在启动子和结构基因之间,是激活阻遏蛋白的结合位点,由它来开启和关闭相应结构基因的转录;③结构基因是转录 mRNA 的模板。

2.①当无乳糖存在时,调节基因表达出阻遏蛋白,这种有活性的阻遏蛋白能与操纵基因结合,从而阻止了与启动子结合的 RNA 聚合酶移动,所以结构基因不能转录,大肠埃希菌不能利用乳糖。②当有葡萄糖时,存在降解代谢产物阻遏。葡萄糖代谢产物会抑制 AMP 环化。酶的活性同时活化磷酸二酯酶,使 cAMP 生成减少,cAMP 含量降低,cAMP-CAP 复合物形成减少,CAP 的正调节作用降低,从而阻遏乳糖操纵子表达。

3.乳糖操纵子的启动子是弱启动子,RNA 聚合酶与之结合的能力很弱。但乳糖操纵子中有降解物基因激活蛋白(CAP)结合位点。当细胞内 cAMP 浓度较高时,cAMP 与 CAP 结合形成复合物,该复合物结合到启动子上游的 CAP 结合位点,可促进 RNA 聚合酶与启动子结合,使转录得以进行,所以 CAP 是一种转录起始的正调节物,对结构基因的转录起正调节作用。

因为细胞内 CAP 的正调控作用与 cAMP 水平有关,而 cAMP 水平又与葡萄糖水平密切相关。当有葡萄糖时,葡萄糖分解代谢的降解物能抑制腺苷酸环化酶活性,同时活化磷酸二酯酶,所以 cAMP 水平很低;当葡萄糖缺乏时,腺苷酸环化酶活性升高,催化 ATP 生成 cAMP。因此,葡萄糖水平对 CAP 的正调控作用有影响。

4.①当大肠埃希菌培养基中没有色氨酸时,大肠埃希菌色氨酸操纵子的调节基因编码产生没有活性的阻遏蛋白,它不能与操纵基因结合,结构基因可以转录,并翻译生成合成色氨酸所需要的 5 种酶。②当色氨酸达到一定浓度,但还没有高到能够活化阻遏蛋白使其发挥阻遏作用时,在结构基因前有一段弱化序列,通过弱化机制抑制结构基因转录可形成一个不依赖 ρ 因子的转录终止结构——弱化子,它能导致 RNA 聚合酶脱落和转录终止。③当大肠埃希菌培养基中有高浓度色氨酸时，色氨酸作为辅阻遏物与阻遏蛋白结合能使阻遏蛋白由无活性的构象变成有活性的构象，辅阻遏物-阻遏蛋白复合物与操纵基因结合，RNA 聚合酶不能移动，结构基因不能转录。这种由结构基因表达的酶所催化产生的终产物可阻止基因转录的作用称为反馈阻遏。

5. ①真核生物基因组和染色体结构复杂，因而有更多的调控信息，更复杂的转录起始机制。②细胞结构复杂，转录和翻译在时空上分开。③真核生物基因在不同组织不同发育阶段有差异性表达。④真核生物基因表达调控具有多层次性：染色质水平、转录水平、转录后水平、翻译水平和翻译后水平。⑤真核生物基因表达调控以正调节为主。

六、论述题

操纵子模式是原核生物基因转录水平调控的主要方式。其调控模式主要包括诱导和阻遏两种模式。以乳糖操纵子为例，既有诱导，也有阻遏。乳糖操纵子的表达能够使大肠埃希菌利用培养基的乳糖。①当无乳糖存在时，操纵子表达为阻遏状态。其调节基因表达出阻遏蛋白，这种有活性的阻遏蛋白能与操纵基因结合，从而阻止了与启动子结合的 RNA 聚合酶移动，所以结构基因不能转录，大肠埃希菌不能利用乳糖。②当有乳糖时，其可诱导表达。乳糖诱导物与阻遏蛋白结合能使阻遏蛋白空间结构改变，不能与操纵基因结合，这样结合在启动子上的 RNA 聚合酶就可以向前滑动，结构基因得以转录，大肠埃希菌可以利用乳糖。③降解物基因激活蛋白(CAP)可加速乳糖利用。乳糖操纵子的启动子是弱启动子，RNA 聚合酶与之结合的能力很弱。但乳糖操纵子中有 CAP 结合位点，可正调节乳糖操纵子表达。当细胞内 cAMP 浓度较高时，cAMP 与 CAP 结合形成复合物，该复合物结合到启动子上游的 CAP 结合位点，可促进 RNA 聚合酶与启动子结合，可加速转录。④葡萄糖代谢产物可抑制 CAP 的调节，阻遏乳糖操纵子表达。CAP 的调节作用受到 cAMP 水平的限制，而细菌中的 cAMP 含量与葡萄糖水平呈负相关。当细菌利用葡萄糖分解产生能量时，葡萄糖代谢产物会抑制 AMP 环化酶的活性，同时活化磷酸二酯酶，使 cAMP 生成减少，cAMP 含量降低，减少 cAMP-CAP 复合物形成，降低 CAP 的正调节作用，阻遏乳糖操纵子表达。这种阻遏因可由降解代谢产物引起，也称为降解代谢产物阻遏。因此，当在培养基上有葡萄糖和乳糖存在时，大肠埃希菌不能充分利用乳糖，直到葡萄糖耗尽，才能充分利用乳糖。

第十三章　物质代谢的联系及其调节

一、名词解释

1. 能荷　　2. 反馈调控　　3. 反馈抑制
4. 反馈激活　　5. 级联系统　　6. 调节酶

二、填空题

1. 糖和脂肪相互转变的关键物质是________和________。

2. 糖和蛋白质相互转变的关键物质是________、________和________。

3. 除________和________，其余的氨基酸都可以通过脱氨基作用生成相应的 α-酮酸。

4. 糖代谢可为核酸的合成提供________和________。

5. 代谢调节的实质是通过改变细胞内________或________，进而影响各个代谢途径速率。

6. 代谢调控的基本方式有________、________和________3 种。

7. 反馈调控是以________为基础，受反馈调控的酶均属于________，该酶的动力学曲线为________，而不是双曲线。

8. 大脑是机体耗能的主要器官之一，在正常情况下，主要以________作为供能物质，长期饥饿时，则主要以________作为能源。

9. 根据激素受体在细胞中的定位，可将激素的作用机理分成________和________。

10. 神经系统对代谢的调节可分为________和________两种方式。

11. 当动物处于饥饿状态时，机体各组织的主要供能物质是________和________。

12. 应激表现出的主要代谢特征是________、________和________等物质的分解代谢加强，而合成代谢受到抑制。

13. 运动时，肌肉收缩所需要的能量来源是________和________的氧化。

14. 在细胞中，已有酶活性的调节包括________、________、________和________等方式。

15. 在一般情况下，机体主要从________、________获得能量，并尽量减少机体中________的消耗。

三、单项选择题

1. 所有生物都具有的代谢调节方式是(　　)。
A. 神经水平的调节　　B. 激素水平的调节
C. 细胞水平的调节　　D. 激素-神经水平的调节
2. 真核生物的共价修饰方式主要是(　　)。
A. 磷酸化/脱磷酸化　　B. 腺苷酰化/去腺苷酰化
C. 甲基化/去甲基化　　D. 乙酰化/去乙酰化
3. 原核生物的共价修饰方式主要是(　　)。
A. 磷酸化/脱磷酸化　　B. 腺苷酰化/去腺苷酰化
C. 甲基化/去甲基化　　D. 乙酰化/去乙酰化
4. 饥饿能诱导肝脏下列哪条代谢途径速率增加?(　　)
A. 糖酵解　　B. 糖异生　　C. 磷酸戊糖途径　　D. 脂肪酸合成
5. 在反馈调节作用中,下列哪一个说法是错误的?(　　)
A. 受反馈调节的酶都是变构酶　　B. 酶与效应物的结合是可逆的
C. 反馈作用都是使反应速率变慢　　D. 酶分子的构象与效应物浓度有关
6. 运动晚期的重要能源物质是(　　)。
A. 葡萄糖　　B. 蛋白质　　C. 乳酸　　D. 酮体
7. 神经水平的调节是下列哪种生物所特有的调控方式?(　　)
A. 大肠埃希菌　　B. 病毒　　C. 植物　　D. 高等动物

四、判断并改错

(　　)1. 变构酶又称别构酶,是催化底物从一种构型转变为另一种构型的酶。
(　　)2. 所有生物新陈代谢的调节都包括 3 种调节方式:细胞水平、激素水平和神经水平。
(　　)3. 酶的区域化属于细胞水平的调控。
(　　)4. 蛋白质类激素受体位于细胞内。
(　　)5. 糖代谢是各类物质代谢网络的“总枢纽”,通过它将各类物质代谢相互沟通,紧密联系在一起。
(　　)6. 糖、脂类和蛋白质代谢之间的相互影响是多方面的,而突出在能量供应上。
(　　)7. 在处于饥饿状态时,大脑组织主要是利用酮体作为能源物质。
(　　)8. 代谢调节的实质就是调节酶活性或者酶含量。
(　　)9. 细胞水平的调节是其他形式调节的基础。
(　　)10. 细胞水平的调节主要是通过控制已有酶的活性而实现的。
(　　)11. 在一般情况下,机体优先利用的能量物质是脂肪和蛋白质。
(　　)12. 动物体内糖原的合成速率随着糖原的分解速率的增加而增加。

五、简答题

1.代谢的区域化有什么意义?

2.简述糖类、脂类和蛋白质在代谢过程中的主要作用。

3.从能量供应角度,试述糖、脂类、蛋白质等三大物质代谢的联系与影响。

4.阐明家畜肥育期的肥育机理。

5.以糖原磷酸化酶激活为例,说明级联系统是怎样实现反应信号放大的?

6.请写出能荷的公式,并请解释其含义。

7.什么是前馈和反馈调控?

参考答案

一、名词解释

1. 能荷是细胞中高能磷酸状态的一种数量上的衡量。其大小可以说明生物体 ATP-ADP-AMP 系统的能量状态，能荷＝([ATP]＋0.5[ADP])/([ATP]＋[ADP]＋[AMP])。

2. 某一代谢途径的终产物可反过来影响该途径中起始反应酶(常常是第一或第二个酶)的活性，从而影响整个代谢途径速率，这种调节方式称为反馈调控。

3. 在反馈调控中，凡是导致起始反应的酶活性降低，从而使整个代谢途径速率降低，这种调节方式称为反馈抑制或负反馈。

4. 在反馈调控中，凡是导致起始反应的酶活性增加，从而使整个代谢途径速率加快，这种调节方式称为反馈激活或正反馈。

5. 级联系统是指在连锁代谢反应中一个酶被激活后，连续地发生其他酶被激活，导致原始调节信号的逐级放大。

6. 调节酶是指可受细胞内各种信号调节而改变活性、从而影响机体代谢途径速率的一类酶。

二、填空题

1. 磷酸二羟丙酮　乙酰 CoA

2. 丙酮酸　α-酮戊二酸　草酰乙酸

3. 赖氨酸　亮氨酸

4. 核糖-5-磷酸　NADPH

5. 酶活性　酶含量

6. 细胞水平调节　激素水平调节　整体(神经)水平调节

7. 变构效应　变构酶(寡聚酶)　S 形曲线

8. 葡萄糖　酮体

9. 水溶性激素代谢调节　脂溶性激素代谢调节

10. 直接调节　间接调节

11. 脂肪　蛋白质

12. 糖　脂肪　蛋白质

13. 糖　脂肪酸

14. 反馈调控　变构调控　共价修饰调控　酶原激活

15. 糖　脂　蛋白质

三、单项选择题

1. C　2. A　3. B　4. B　5. C　6. D　7. D

四、判断并改错

1. ×，变构酶不是催化底物从一种构型转变为另一种构型，而是通过调节物(别构剂)和酶结合引起酶分子本身的结构和功能发生改变。

2. ×，只有高等动物才具有这三种调控。

3.√。

4.×,蛋白质类激素受体位于细胞膜上。

5.√。

6.√。

7.√。

8.√。

9.√。

10.√。

11.×。在一般情况下,机体优先利用的能量物质顺序依次是糖、糖原、脂肪和蛋白质。

12.×。动物体内糖原的合成速率在加快的同时,分解过程受到抑制。

五、简答题

1.①酶的区域化把不同代谢途径的酶系固定地分布在不同的区域,为代谢调节提供了方便的条件;②细胞的区域化保证了代谢途径的定向性和有序性,合成途径和分解途径能彼此独立,分开进行;③代谢的区域化将酶、辅酶和底物高度浓缩,可更有效地提高局部范围内代谢的速率。

2.①糖类是机体最主要的功能物质,是各类物质代谢网络的"总枢纽",通过它将各类物质代谢相互沟通,紧密联系在一起;磷酸二羟丙酮、乙酰辅酶A、葡萄糖-6-磷酸、丙酮酸、α-酮戊二酸、草酰乙酸等代谢物质则是各类物质相互转化的重要中间产物;糖代谢产生的ATP、GTP和NADPH等可直接用于其他代谢途径。②脂类是生物能量的主要贮存形式,脂类的氧化分解最终进入三羧酸循环,进而为机体提供更多的能量。③蛋白质是机体中所有原生质结构的基础,且作为酶的主要组成成分,决定着各种物质代谢反应的速率、方向及相互关系。

3.糖、脂类和蛋白质代谢的相互影响是多方面的,而突出反映在能量供应上。当饲料中糖类供应充足时,机体主要以糖为能量的来源,此时一般不需要动用脂肪和蛋白质来分解供能。若糖的供应量超过机体的需要,大部分糖可转变成脂肪贮存起来;同时,糖的大量分解也为蛋白质合成提供了所需要的能量和原料。总的结果是体内脂肪和蛋白质的合成速率增强,分解代谢受到抑制。反之,当饲料中糖类供应不足或饥饿时,体内的糖原很快消耗减少。此时,一方面,糖的异生作用加强,即主要动用体蛋白转变为糖,以维持血糖浓度恒定;另一方面,动用体内贮存的脂肪分解供能,以减少糖的分解利用。若长期饥饿,体内脂肪分解速率的加快会导致产生酮血症。由于体内脂肪和蛋白质的大量分解,动物会出现消瘦、无力等现象。

4.糖可以净合成脂肪,用含糖类多的饲料喂养家畜,可获得肥育的效果。当饲料中糖类供应超过机体的需要时,过量的糖以糖原的形式贮存起来,因而动物体内糖原的合成速率加快,分解受到抑制。由于糖在体内以糖原形式贮存的量不多,一般不到体重的1%,因此大部分糖转变成脂肪被贮存;同时,糖的大量分解也为蛋白质合成提供了所需要的能量和原料。总的结果是体内脂肪和蛋白质的合成速率增强,分解代谢受到抑制,大量的脂肪和蛋白质在动物体内堆积,家畜呈现肥育现象。

5.①级联系统:在连锁代谢反应中,一个酶被激活后,连续地发生其他酶被激活,导致原始调节信号的逐级放大,这样的连锁代谢反应系统称为级联系统。糖原磷酸化酶的激活过程就是一个例子。②放大过程:激素(如肾上腺素)使腺苷酸环化酶活化,催化ATP和生成cAMP;cAMP能使蛋白激酶活化,无活性的磷酸化酶b激酶转变成有活性的磷酸化酶b激酶;磷酸化酶 b 激酶使磷酸化酶 b 转变成激活态磷酸化酶 a；磷酸化酶 a 使糖原分解为磷酸葡萄糖。

每次激活都是一次共价修饰，也是对原始信号的一次放大过程。

6. 能荷 $=\dfrac{[ATP]+0.5[ADP]}{[ATP]+[ADP]+[AMP]}$

由此可以看出，能荷的大小取决于 ATP 和 ADP 的多少。能荷从 0～1.0，当细胞中都是 ATP 时，能荷为 1.0，此时，可利用的高能磷酸键数量最大；当细胞中都为 ADP 时，能荷为0.5，系统中有 1/2 的高能磷酸键；当细胞中都为 AMP 时，能荷为 0，此时无高能磷酸化合物存在。

7. 前馈是指底物对催化其反应的酶的活性的影响，或者一个代谢途径中的某种物质对位于该途径中该物质所处反应位置之后的某个酶的活性的影响。

反馈调控是指某一代谢途径的终产物可反过来影响该途径中起始反应酶（常常是第一或第二个酶）的活性，从而影响整个代谢途径速率。

第十四章　体液酸碱平衡与钙磷代谢

一、名词解释

1. 碱贮　2. 酸碱平衡紊乱　3. 代偿作用
4. 呼吸性酸中毒　5. 呼吸性碱中毒　6. 代谢性酸中毒
7. 代谢性碱中毒　8. 血钙　9. 血磷
10. 成骨作用　11. 骨盐　12. 钙调蛋白

二、填空题

1. 正常家畜细胞外液(以血浆为代表)的 pH,一般为______。

2. 体液的酸碱平衡主要是通过______、______和______作用,共同调节完成的。

3. 血液中的缓冲体系主要有 3 种:______、______和______。

4. 血浆 pH 的大小取决于的______值。

5. 对酸碱平衡起主要调节作用的器官是______。

6. 肾脏调节酸碱平衡主要是通过调节______和______的程度实现的。

7. 按起因不同,酸碱平衡失调可分为______和______两大类。

8. 呼吸性酸中毒的特点是血浆 CO_2 结合力______。

9. 当血钾降低,血浆 CO_2 结合力升高时,会出现______。

10. 当出现碱中毒时,血浆______降低,出现手足抽搐。

11. 维生素 D_2、维生素 D_3 的活性形式是______。

12. 维生素 D 可使血磷______,血钙______。

13. 当动物饲料中 Ca∶P 保持在______时,这两种元素的吸收都最为有利。

14. 钙、磷代谢主要受______、______和______3 种体液因素调节。

15. 甲状旁腺激素可使血磷______,血钙______;降钙素可使血磷______,血钙______。

16. 骨盐主要以柱状或纤维状的______及无定形的______形式存在,骨盐的含量决定了骨的硬度。

17. 血磷的存在形式有 3 种:______、______和______。

三、单项选择题

1. 在红细胞中，存在的主要缓冲对(　　)。

A. $KHCO_3/H_2CO_3$　　B. $NaHCO_3/H_2CO_3$

C. $KHbO_2/HHbO_2$　　D. NaHb/HHb

2. 在血浆内，存在的主要缓冲对是(　　)。

A. $KHCO_3/H_2CO_3$　　B. $KHbO_2/HHbO_2$

C. Na_2HOP_4/NaH_2PO_4　　D. $NaHCO_3/H_2CO_3$

3. 在血液对酸碱平衡的调节过程中，起主要作用的缓冲对是(　　)。

A. $NaHCO_3/H_2CO_3$　　B. Na_2HOP_4/NaH_2PO_4

C. $KHCO_3/H_2CO_3$　　D. Na-蛋白质/H-蛋白质

4. 关于肾脏在维持体液酸碱平衡中作用，下列叙述错误的是(　　)。

A. 肾小管能够分泌 H^+

B. 肾脏可进行 H^+-Na^+ 交换作用

C. 肾小球可对碳酸氢钠($NaHCO_3$)重吸收

D. 肾脏的作用使尿碱化

5. 在代谢性酸中毒时，尿液中浓度升高的离子有(　　)。

A. Na^+　　B. H^+　　C. Cl^-　　D. K^+

6. 当出现呼吸性酸中毒时，(　　)。

A. 血浆 P_{CO_2} 原发性升高　　B. 血浆 P_{CO_2} 继发性升高

C. 血浆 $NaHCO_3$ 原发性降低　　D. 血浆 H_2CO_3 继发性降低

7. 钙具有多方面的生理功能，但不包括下列哪点？(　　)

A. 参与正常血液凝固过程　　B. 降低神经、肌肉的兴奋性

C. 增强心肌收缩　　D. 维持血浆胶体渗透压

8. 可抑制钙吸收的物质是(　　)。

A. 草酸　　B. 钙结合蛋白　　C. 维生素 D　　D. 碱性磷酸酶

9. 下列能促进钙的吸收的物质是(　　)

A. 磷酸　　B. 草酸　　C. 植酸　　D. 乳酸

10. 下列哪点不属于磷的生理功能？(　　)

A. 参与 DNA、RNA 以及许多辅酶的构成

B. 维持酶的还原性

C. 参与物质代谢调节

D. 是细胞膜磷脂的主要成分

11. 具有升血钙、降血磷作用的激素是(　　)。

A. 甲状腺素　　B. 醛固酮　　C. 降钙素　　D. 甲状旁腺素

12. 降钙素的功能是(　　)。

A. 促进血磷减少　　B. 促进尿钙减少

C. 促进血磷升高　　D. 促进成骨作用

四、简答题

1. 说明 $NaHCO_3/H_2CO_3$ 是如何对酸碱物质进行缓冲的？
2. 试述酸碱平衡失调的基本类型。
3. 试述肾脏对酸碱平衡的调节方式。
4. 试述钙、磷在动物体内的分布及含量。
5. 试述血钙、血磷在体内的存在形式及影响因素。
6. 影响钙、磷的吸收的因素有哪些？

参考答案

一、名词解释

1. 一般常把血浆中所含 HCO_3^- 的量称为碱贮，即中和酸的碱储备。

2. 在正常情况下，动物通过其调节机制保持着体液 pH 的正常恒定，当体液 pH 超过体液的正常范围时，就称为酸碱平衡紊乱。

3. 当动物体发生酸中毒或碱中毒时，机体还可以通过肺(非呼吸性时)或肾进行调整，体液的 pH 能趋于正常，这种调节作用被称为代偿作用。

4. 由肺的通气和肺的循环障碍，CO_2 不能通畅地排出体外，血液中的 P_{CO_2} 升高，$[NaHCO_3]/[H_2CO_3]$值下降引起的酸中毒，称为呼吸性酸中毒。

5. 由通气过度，肺排出 CO_2 过多，血液 P_{CO_2} 降低，$[NaHCO_3]/[H_2CO_3]$值升高引起的碱中毒，称为呼吸性碱中毒。

6. 由体内产酸过多或失碱过多引起的血浆中 $NaHCO_3$ 减少，$[NaHCO_3]/[H_2CO_3]$值下降，这种酸中毒被称为代谢性酸中毒。

7. 由失酸过多或偶然得碱过多，细胞外液中 $NaHCO_3$ 浓度高，$[NaHCO_3]/[H_2CO_3]$值增大引起的碱中毒，这种碱中毒被称为代谢性碱中毒。

8. 血钙是血液中所含的钙的总称，包括结合钙和游离钙。动物血钙的平均浓度约为 0.1 g/L。

9. 血磷是指血浆中无机磷酸盐所含的磷。成年动物血磷的浓度为 0.04～0.07 g/L。

10. 骨的生成叫作成骨作用，包括膜性成骨和软骨成骨两种方式。

11. 骨盐是指骨中的无机盐主要以柱状或纤维状的羟磷灰石及无定形的磷酸氢钙形式存在。骨盐决定了骨的硬度。

12. 钙调蛋白是指 Ca^{2+} 的细胞内受体能特异性与 Ca^{2+} 结合，其构象会改变，然后启动细胞内的一系列生理反应，如骨骼肌与心肌的收缩、神经兴奋的维持等。

二、填空题

1. 7.24～7.54

2. 血液缓冲体系的缓冲作用　肺的呼吸作用　肾脏的排泄与重吸收

3. $KHCO_3/H_2CO_3$　KHb/HHb　K_2HPO_4/KH_2PO_4

4. $[HCO_3^-]/[H_2CO_3]$

5. 肾脏

6. 排出体内 H^+ 量　重吸收 HCO_3^-

7. 代谢性　呼吸性

8. 升高

9. 代谢性碱中毒

10. 游离钙

11. 1,25-$(OH)_2$-D_2 或 1,25-$(OH)_2$-D_3

12.升高　升高

13.2∶1左右

14.甲状旁腺素　降钙素　维生素D

15.降低　升高　降低　降低

16.羟基磷灰石　磷酸氢钙

17.无机磷酸盐　有机磷酸酯　磷脂

三、单项选择题

1.C　2.D　3.A　4.D　5.B　6.A　7.D　8.A　9.D　10.B　11.D　12.D

四、简答题

1.当酸性物质增加时，$NaHCO_3+H^+ \rightarrow H_2CO_3+Na^+$，$H_2CO_3$进一步分解为$H_2O+CO_2$，$CO_2$随肺呼出，维持正常pH。

当碱性物质增加时，$H_2CO_3+OH^- \rightarrow HCO_3^-+H_2O$，$HCO_3$通过肾脏排出，维持正常pH。

2.按照发病原因，酸碱平衡失调可以分为代谢性酸碱平衡失调和呼吸性酸碱平衡失调。代谢性酸碱平衡失调包括代谢性酸中毒和代谢性碱中毒；呼吸性酸碱平衡失调包括呼吸性酸中毒和呼吸性碱中毒。

3.肾脏对酸碱平衡的调节主要通过肾小管的重吸收和分泌作用，排出体内H^+和重吸收HCO_3^-以维持血浆碱贮和pH的恒定。调节方式：①$NaHCO_3$的重吸收，即原尿中滤过的$NaHCO_3$在通过肾小管时H^+与Na^+交换，绝大部分可重吸收；②H^+-Na^+的交换，即尿液酸化，肾远曲小管上臂细胞分泌的H^+可与尿中Na_2HPO_4中的Na^+发生交换，使生成NaH_2PO_4，尿呈酸性；③NH_4^+-Na^+交换，即肾远曲小管上皮细胞分泌H^+的同时，谷氨酰胺释放NH_3，生成NH_4^+，也可与尿中的Na^+交换，原尿中的H^+越多越有利于NH_3的排出；④K^+-Na^+交换与H^+-Na^+交换竞争，也可换回Na^+，增加$NaHCO_3$浓度。

4.99%的体内总钙量及80%～85%的总磷量分布在骨骼和牙齿中；其余的钙主要分布在细胞外液，细胞内钙的含量很少；其余的磷则在细胞外液和细胞内均有分布。

5.血钙有3种存在形式：①血浆蛋白质结合钙占40%～45%，是不可扩散钙，不易透过毛细血管壁；②钙离子占45%～50%，是可扩散钙，能透过毛细血管壁；③与柠檬酸或其他小分子有机酸结合的钙约占5%。血浆蛋白质结合钙与Ca^{2+}之间可互相转化，当Ca^{2+}浓度降低时，血浆蛋白质结合钙可逐步释放出Ca^{2+}。这种释放过程受血液pH的影响。当血浆pH下降时，促进Ca^{2+}浓度升高；当血浆pH升高时，血浆中Ca^{2+}与血浆蛋白质的结合作用增强。

血磷有3种存在形式：①无机磷酸盐，主要存在于血浆中；②有机磷酸酯，主要存在于红细胞内；③磷脂，主要存在于红细胞内。血钙和血磷含量的相对稳定主要依赖于它们的吸收与排泄之间的相对平衡。而1,25-$(OH)_2$-D_3、甲状旁腺素和降钙素等正是通过对这些平衡的调节来维持血钙和血磷含量的恒定。

6.影响钙、磷吸收的因素：①维生素D_3，它的活性形式为1,25-$(OH)_2$-D_3，能够促进钙的主动吸收，也促进磷的被动吸收；②肠道pH，胃酸物质对钙的吸收有促进作用；③饲料的成分，饲料中过多的碱性磷酸盐、草酸、鞣酸和植酸等，可影响钙的吸收；④饲料中的钙、磷比例，当饲料中的Ca∶P保持为(2～1.5)∶1时，这两种元素的吸收都最为有利；⑤动物的自身状况，钙、磷的吸收量与年龄成反比。

第十五章　动物组织机能的生物化学

一、名词解释

1. 血浆蛋白质多态性　　2. 间接胆红素　　3. 直接胆红素
4. 黄疸　　5. 生物转化　　6. 神经递质

二、填空题

1. 血液是动物机体______环境联系的重要组成部分，机体的营养物质及代谢物不断______血液。

2. 在生理状态下，血液各种化学成分含量相对稳定，可反映机体各种物质的______情况。

3. 用不同浓度的中性盐可将血浆蛋白质分为______、______和______。

4. 在临床上，依据盐析法结果将蛋白质分为______、______和______3 种类型。

5. 在临床上，盐析法被用来测定______值，严重肝病患者该比值下降。

6. ______是合成血浆蛋白质的主要场所，血浆蛋白质属于______蛋白质。

7. 许多血浆蛋白质具有______，其对遗传研究和临床诊断均有一定意义。

8. 血红蛋白是一种色素蛋白，由______个各含 1 个血红素辅基的______亚基组成。血红蛋白是在红细胞成熟之前合成的，其合成过程主要包括______、______和______3 部分。

9. ______是红细胞获得能量的唯一途径。

10. 肝脏在糖代谢中的主要作用是通过______、______和______来维持血糖浓度的恒定。

11. ______是禽类合成脂肪的主要场所，家畜脂肪的合成主要在______内。

12. 哺乳动物的肝脏通过______循环合成______来清除血氨。

13. 肝脏进行生物转化反应的主要类型包括______、______、______和______。

14. 神经组织是调节动物活动的重要组织。它通过______或______来影响机体的功能。

15. 脑中产生的 NADH 只能通过____________穿梭作用进入线粒体。

16. 在外周神经系统中，当神经纤维兴奋时，末梢释放乙酰胆碱作为神经递质的神经纤维被称为____________；末梢释放去甲肾上腺素的神经纤维被称为____________。

17. 儿茶酚胺类神经递质包括____________、____________和____________。

18. 乙酰胆碱是胆碱能神经末梢由____________和____________在胆碱乙酰转移酶催化下所合成。

19. ____________和毒扁豆碱是乙酰胆碱酯酶的抑制剂，在医药上用以治疗肠蠕动迟缓；____________是乙酰胆碱的类似物，在外科手术中它被用于产生肌肉松弛。

20. 许多____________是乙酰胆碱酯酶的强抑制剂，被用于杀虫剂。

三、单项选择题

1. 血浆胶体渗透压主要取决于(　　)。

A. 有机金属离子　　B. 无机酸根离子

C. 球蛋白　　D. 清蛋白

2. 关于球蛋白，下列叙述错误的是(　　)。

A. 球蛋白是一种疏水性蛋白质　　B. 可被半饱和硫酸铵盐沉淀

C. 可溶于稀氯化钠溶液　　D. 分子为球形或椭球形

3. 合成血红素的原料有(　　)。

A. 苏氨酸、甘氨酸、天冬氨酸　　B. 甘氨酸、琥珀酰 CoA、Fe^{2+}

C. 甘氨酸、天冬氨酸、Fe^{2+}　　D. 甘氨酸、辅酶 A、Fe^{2+}

4. ALA 合成酶发挥作用的部位是(　　)。

A. 微粒体　　B. 内质网　　C. 线粒体　　D. 溶酶体

5. 血红素合成酶体系中的限速酶是(　　)。

A. ALA 合成酶　　B. ALA 脱水酶　　C. 胆色素原脱氨酶　　D. 氧化酶

6. 红细胞获得能量的主要途径是(　　)。

A. 糖原分解　　B. 有氧氧化　　C. 三羧酸循环　　D. 糖酵解

7. 只能在哺乳动物肝脏合成的物质是(　　)。

A. 葡萄糖　　B. 糖原　　C. 血浆清蛋白　　D. 尿素

8. 肝脏储存最多的两种维生素是(　　)。

A. 维生素 D 和维生素 C　　B. 维生素 A 和维生素 D

C. 维生素 C 和维生素 B　　D. 维生素 B 和维生素 K

9. 动物机体合成胆固醇最快和合成量最多的器官是(　　)。

A. 肝脏　　B. 脾脏　　C. 肾脏　　D. 心脏

10. 血红素分解的简要过程是(　　)。

A. 胆绿素→胆红素→间接胆红素→直接胆红素→胆素原→排泄

B. 胆红素→胆绿素→直接胆红素→间接胆红素→胆素原→排泄

C. 胆绿素→胆红素→间接胆红素→胆素原→直接胆红素→排泄

D. 胆红素→间接胆红素→直接胆红素→胆绿素→胆素原→排泄

四、判断并改错

(　　)1. 血浆蛋白质的功能包括维持血浆胶体渗透压、维持血浆正常的 pH、运输作用、免疫与防御作用、催化作用等。

(　　)2. 血浆蛋白质主要在肝脏合成，属于分泌型蛋白质。

(　　)3. 哺乳动物成熟红细胞能进行蛋白质生物合成。

(　　)4. 所有动物的红细胞获得能量的唯一途径是糖酵解。

(　　)5. 血红素是以甘氨酸、琥珀酰 CoA 和 Fe^{2+} 为基本原料，经一系列酶促反应在细胞的线粒体及胞液中合成的。

(　　)6. 当红细胞大量破坏、肝细胞处理胆红素的能力降低时，均会引起血液中胆红素过多、视黏膜被染黄的现象，临床上称为黄疸。

(　　)7. 肝脏是动物的最大腺体，是机体进行物质代谢与生物转化的最主要场所之一。

(　　)8. 有些非营养物质在体内经生物转化后可使其毒性减弱（解毒），也可使其毒性增强(致毒)，因此肝的生物转化作用不能简单地看作“解毒作用”。

(　　)9. 氧化反应和还原反应均是生物转化反应的主要类型。

(　　)10. 生物转化具有解毒与致毒的双重性。

五、简答题

1. 简述血浆蛋白质的主要功能。
2. 简述肝脏在物质代谢中的作用。
3. 简述影响肝脏生物转化的因素。
4. 简述大脑中的物质代谢的特点。

参考答案

一、名词解释

1. 血浆蛋白质多态性是指在某一群体中，有两种以上发生频率不低于1%的表现型。

2. 胆红素在水中溶解度很小，在血液中，基本上是以胆红素清蛋白复合体的形式运输，这种与蛋白质结合的胆红素在临床上称为间接胆红素，也称游离胆红素。

3. 胆红素与清蛋白分离，进入肝细胞，胆红素主要与UDP-葡萄糖反应生成无毒的葡萄糖醛酸胆红素，临床上把葡萄糖醛酸胆红素称为直接胆红素，也称结合胆红素，这是肝脏解毒的一种方式。

4. 正常血液中的胆红素含量较低，但是胆红素来源增加，如红细胞大量破坏、肝细胞处理胆红素的能力降低等，均会出现血液中的胆红素过多、视黏膜被染黄的现象，这在临床上称为黄疸。

5. 机体对内外源性非营养物质，或者一些生物毒性成分进行各种代谢转变，增加其水溶性（或极性），其能随胆汁、尿排出体外的过程，称为生物转化。

6. 神经纤维把神经冲动传递给效应器细胞，通过神经末梢释放某种可扩散的小分子化合物，这些化合物通过突触间隙作用于效应器细胞来实现，这种物质称为神经递质。

二、填空题

1. 内外　进入和离开
2. 代谢
3. 清蛋白　球蛋白　纤维蛋白原
4. 清蛋白　球蛋白与纤维蛋白原
5. 清蛋白与球蛋白(A/G)
6. 肝脏　分泌型
7. 多态性
8. 4　珠蛋白　合成血红素　合成珠蛋白　合成血红蛋白
9. 糖酵解
10. 糖原合成　糖原分解　糖异生作用
11. 肝脏　脂肪组织
12. 鸟氨酸　尿素
13. 氧化反应　还原反应　水解反应　结合反应
14. 神经冲动　体液
15. 磷酸甘油
16. 胆碱能神经　去甲肾上腺素能神经
17. 肾上腺素　去甲肾上腺素　多巴胺
18. 乙酰辅酶A　胆碱
19. 新斯的明　琥珀酰胆碱
20. 有机磷化合物

三、单项选择题

1.D　2.A　3.B　4.C　5.A　6.D　7.D　8.B　9.A　10.A

四、判断并改错

1.√。

2.√。

3.×,哺乳动物成熟的红细胞不能进行蛋白质生物合成。

4.×,哺乳动物成熟红细胞获得能量的唯一途径是糖酵解。

5.√。

6.√。

7.√。

8.√。

9.√。

10.√。

五、简答题

1.①通过血浆清蛋白维持血浆胶体渗透压;②血浆蛋白质缓冲体系对维持血浆正常的pH有一定作用;③血浆蛋白质与多种物质结合形成的复合物可作为这些物质在血液中的运输形式,具有运输作用;④血浆中的抗体大部分是球蛋白,具有免疫与防御作用;⑤血浆中的凝血酶原等多种凝血因子发挥着重要的催化作用;⑥血浆蛋白质可以作为构建机体其他组织蛋白质的原料,发挥营养作用;⑦血浆中含有凝血系统和抗凝血系统,具有凝血作用、抗凝血作用和纤溶作用。

2.①肝脏在糖代谢中通过肝糖原的合成、分解与糖异生作用对血糖进行调节,并维持血糖浓度的稳定;②在脂类代谢中,肝脏是脂肪运输的枢纽,是脂肪酸β-氧化及生成酮体的主要场所,是禽类合成脂肪的主要场所,是类脂代谢和合成胆酸盐的重要场所,能促进脂类的消化和吸收;③肝脏在蛋白质代谢中能合成多种血浆蛋白,又是氨基酸体内分解和转变的场所以及哺乳动物清除血氨和合成尿素的器官;④肝脏在维生素代谢中可合成视黄醇结合蛋白和维生素D结合蛋白;⑤肝脏参与激素的灭活,毒物药物等通过肝的生物转化,有利于排泄。

3.①体内因素主要是生理因素,如新出生的动物的肝脏和老年动物的肝脏对许多药物和毒物的耐受性下降,容易中毒。受肝功能的影响,如当肝功能低下时,肝脏的转化能力也随之下降;②体外因素主要是诱导因素,如药物或毒物可诱导相关代谢酶的合成,长期服用某种药物可出现耐药性和抑制作用。由于许多物质的生物转化反应受到相同酶系的催化,同时使用几种药物时可发生药物之间对酶的竞争性抑制作用,生物转化受到影响。

4.①大脑的糖代谢活跃主要靠葡萄糖的有氧氧化供能,90%以上的葡萄糖分解通过有氧氧化途径,不足10%的葡萄糖进行酵解;②脑中的脂类代谢不活跃,但是能够利用酮体;当处于长期饥饿时,60%的大脑总耗能可由酮体提供;③脑中的氨基酸经嘌呤核苷酸循环脱去氨基,此外,还可通过γ-氨基丁酸(GABA)的生成和分解产生氨。

第十六章　现代生物技术及其在畜牧兽医中的应用

一、名词解释

1. 基因工程　2. G-文库　3. 质粒
4. 克隆载体　5. 表达载体　6. 限制性核酸内切酶
7. 蛋白质工程　8. 细胞工程　9. 嵌合体动物
10. 转基因动物　11. 单细胞蛋白(SCP)　12. 天然生物药品
13. 基因工程药品　14. 生物信息学

二、填空题

1. DNA 聚合酶能够在体外酶促合成 DNA 片段，其条件是在合适的缓冲体系下，以______________为模板，以______________为底物，同时需要______________、Mg^{2+}存在。

2. 基因工程常用的基因载体有______________、______________、______________。

3. 限制性核酸内切酶切过的 DNA 有______________和______________这 2 种不同类型的切口。

4. 目的基因的表达分为原核表达系统和真核表达系统，其中真核表达系统主要包括______________、______________、______________表达系统。

5. 改造天然蛋白质分子主要包括______________和______________两种策略。

三、简答题

1. PCR 反应的基本原理是什么？
2. 质粒主要由哪几个元件构成？
3. 将外源 DNA 引入某一宿主，宿主应具备哪些条件？
4. DNA 重组体的筛选和鉴定的常用方法有哪几种？
5. 基因的原核表达系统具有哪些优点和缺点？
6. 如何利用现代生物技术进行畜禽遗传资源的保护？
7. 基因组学、转录组学、蛋白组学、代谢组学的含义分别是什么？

参考答案

一、名词解释

1. 基因工程是指按照人们的需要,运用载体将外源目的基因导入受体细胞使之获得新的遗传性状或产生人们需要的基因产物的过程。基因工程又称为重组 DNA 技术、基因克隆、分子克隆、遗传工程等。

2. 应用核酸的分离、纯化技术分离生物体全部 DNA,用限制性内切酶随机切割为长短大致相同的数以万计的片段,将所有片段重组入同一类载体,得到许多重组体,最后将重组体全部转化入宿主菌中保存,这就是基因组文库,也称 G-文库。

3. 质粒是细菌中独立于染色体外的环形双链 DNA 分子,大小约为数千个碱基对。质粒上往往带有一个或几个抗药性基因。理想的质粒是同一种限制性内切酶只有一个酶切位点。

4. 以繁殖外源 DNA 片段为目的的载体被称为克隆载体。这类载体具有自我复制、相对分子质量小、拷贝数多等特点。

5. 用来将克隆的外源基因在宿主细胞内表达蛋白质的载体被称为表达载体。这类载体有很强的启动子和终止子,产生较稳定的 mRNA。根据产生的蛋白序列不同,表达载体又可分为融合表达载体和非融合表达载体。

6. 限制性核酸内切酶是指能识别特异 DNA 序列,并能水解磷酸二酯键的一类酶。

7. 蛋白质工程是指根据蛋白质的精细结构和生物学活性之间的关系,利用基因工程技术,按照人类自身的需要,定向地改造天然蛋白质,甚至创造自然界本不存在的却具有优良特性的蛋白质分子的过程。

8. 细胞工程也称细胞水平的操作技术,是指利用细胞的全能性,在细胞水平上按照人们的意愿来改造或利用细胞内的遗传物质,以获得新型生物或特种细胞及其产品的一门综合性科学技术。

9. 如果外源基因只整合入动物的部分组织细胞的基因组,这类动物就被称为嵌合体动物。只有当外源基因整合进去的部分组织细胞恰为生殖细胞时,嵌合体动物才能将其携带的外源基因遗传给子代,否则,外源基因将不能遗传给子代。

10. 如果动物所有的细胞都被整合入外源基因,其就具有将外源基因遗传给子代的能力,通常把这类动物称为转基因动物。

11. 单细胞蛋白(SCP)是指利用各种基质大规模培养细菌、酵母菌、霉菌、微藻、光合细菌等而获得的微生物蛋白,具有周期短、繁殖快、应用范围广等特点,是现代饲料工业和食品工业中重要的蛋白来源。

12. 天然生物药品是指利用生物体、生物组织或其成分,综合运用微生物学、物理学、药学和生物学的原理与方法制造的用来预防、诊断或治疗的生物制品。

13. 基因工程药品主要是指利用重组 DNA 技术生产的多肽、蛋白质、酶和细胞生长因子等。激素类、可溶性细胞因子受体类、细胞因子类是其主要的种类。

14. 生物信息学是指包含生物信息的获取、处理、储存、传递、分析和解释的所有方面的一门学科。它综合运用数学、计算机科学和生物学的各种工具进行研究。其目的是运用和了解大量的生物学意义。

二、填空题

1. 单链 DNA　dNTP　引物

2. 质粒　噬菌体　动物病毒载体

3. 平末端　黏性末端

4. 酵母　昆虫细胞　哺乳动物细胞

5. 定向进化　理性设计

三、简答题

1. DNA 聚合酶能够在体外酶促合成 DNA 片段。其条件是在合适的缓冲体系下，以单链 DNA 为模板，以 dNTP 为底物，同时需要引物、Mg^{2+}存在。一个典型的 PCR 反应通常包括高温变性、低温退火、中温延伸 3 个基本步骤。由于每一周期所合成的 DNA 均可成为下一个循环扩增的模板，在理论上，PCR 扩增产物就呈指数式增加。一般经 25～30 个循环，目的片段的数量可放大数百万倍。

2. 质粒主要包含的几个元件：①复制起始位点（ori），能够募集复制相关蛋白启动质粒复制；②多克隆位点（MCS），具有多个限制性内切酶位点，通常是质粒中插入目的片段的位置；③启动子，位于多克隆位点上游，在宿主细胞内募集转录因子启动目的基因的转录；④抗性基因，用于重组质粒的筛选。

3. 宿主的条件：①接受外源重组体的能力要强；②缺乏基因重组的能力，以防重组体被破坏；③宿主的限制性核酸内切酶不能切割重组体，没有特异性切口；④符合安全标准，宿主细胞温和，重组体大量繁殖，宿主不能感染环境。

4. DNA 重组体的筛选和鉴定的常用方法：①抗药性标志选择，即可在培养基中加入抗生素予以筛选，未转化的细菌被杀死，已转化的则生成菌落。②限制性内切酶酶切图谱分析，即利用核酸内切酶切割重组体，然后电泳检测进一步确定重组体是否含有目的基因。③分子杂交法，即把待选菌在平板上培养成菌落，用硝酸纤维素膜盖在平板上，菌落 DNA 就会转移到滤膜上，然后用放射性同位素（^{32}P）标记的目的基因片段，以作为探针进行检测，就可把正确的重组菌落探测出来。

5. 优点：周期短、产量高、成本低、操作性强。缺点：①该体系不能进行真核蛋白翻译后的加工，而翻译后的加工对许多真核蛋白的生物活性具有至关重要的作用；②在原核表达体系中，产物往往是以难溶于水的包涵体形式出现，提取过程复杂、回收率低；③表达产物可能存在脂多糖等内毒素的污染，需要进一步检测和去除。

6. 近现代生物技术保存畜禽品种资源的 2 种途径：①利用胚胎和生殖细胞的冷冻技术。这种保存的优点是基因和基因频率的变化降到了最低的水平，抽样误差小，容易控制疫病，保存时间长，保种经费少，解冻后种群恢复快。另外，育种冷冻配子和活动保种相结合可以减轻由自然选择、近交和遗传漂变对基因和基因频率带来的影响。②利用分子生物技术建立畜群、禽群的 DNA 基因文库。基因组 DNA 文库的建立就是利用 DNA 重组技术把决定畜禽重要经济性状的主基因或全部基因整合到某些特殊的基因载体上，然后用这些载体感染宿主细胞，通过宿主细胞的大量增殖构建各基因 DNA 片段的无性繁殖系（克隆）。当制备的克隆数把该畜禽品种的全部基因包括在内时，这个克隆的总体就是该畜禽品种的基因文库，保存该基因组文库就等于保存了该畜禽品种。

7. ①基因组学的研究对象为基因和基因组，侧重于对基因的结构、功能、突变、表观修饰以及基因组编辑等方面开展研究；②转录组学的研究对象为细胞或组织中的全套RNA转录本，转录组分析是动态的，可以分析在特定时间段内响应任何刺激的基因表达，已成为应用最为广泛的组学技术；③蛋白质组学是一种分析生物体中总蛋白质的技术，包括序列分析、结构分析、功能分析、修饰分析和表达量分析等；④代谢组学是对参与机体生理过程代谢物的综合研究，可显示细胞受基因调控产生生理表型的最终产物类型和变化。

参考文献

1. 胡兰. 动物生物化学[M]. 2 版. 北京：中国农业大学出版社，2023.
2. 王镜岩，朱圣庚，徐长法. 生物化学[M]. 3 版. 北京：高等教育出版社，2002.
3. 刘维全. 动物生物化学·精要·题解·测试[M]. 北京：化学工业出版社，2006.
4. 刘国琴 杨海莲. 生物化学复习指南暨习题解析(全国硕士研究生农学门类入学)[M]. 10 版. 北京：中国农业大学出版社，2017.
5. 邹思湘. 动物生物化学[M]. 4 版. 北京：中国农业出版社，2005.
6. 刘秉文，冯宗忱. 生物化学多选题及题解[M]. 2 版. 上海：上海医科大学出版社，1988.
7. 陈钧辉，杨荣武，郑伟娟，等. 生物化学习题解析[M]. 3 版. 北京：科学出版社，2009.
8. 张来群，李宏，谢丽涛. 生物化学习题集[M]. 2 版. 北京：科学出版社，2006.
9. 韩昌洪. 生物化学习题集[M]. 北京：人民卫生出版社，2005.
10. 周敬爱. 生物化学习题集[M]. 北京：科技文献出版社，2007.
11. 沈岳奋. 生物化学检验技术习题集及实践报告[M]. 北京：人民卫生出版社，2008.
12. 陈钧辉，杨荣武，郑伟娟. 生物化学习题解析[M]. 4 版. 北京：科学出版社，2015.
13. 唐丙华，王继峰. 生物化学习题集[M]. 北京：中国中医药出版社，2007.
14. 周梦圣. 生物化学习题集[M]. 上海：上海中医药大学出版社，1998.
15. 翟中和，王喜中，丁明孝. 细胞生物学[M]. 4 版. 北京：高等教育出版社，2011.
16. HAMES B D, HOOPER N M, HOUGHTON J D. 生物化学[M]. 影印版. 北京：科学出版社，1999.
17. LEWIN B. Genes VII [M]. New York: Oxford University Press, Inc, 2000.
18. KOOLMAN. Color atlas of biochemistry [M]. 2nd ed. New York: Thieme Stuttgart, 2005.

附　录

附录一　常用的生物化学缩写词

1. AC:adenylate cyclase 腺苷酸环化酶
2. ACP:acyl carrier protein 脂酰基载体蛋白
3. APRT:adenine phosphoribosyl transferase 腺嘌呤磷酸核糖转移酶
4. ApoB:apolipoprotein B 载脂蛋白 B
5. APS:adenosine phosphosulfate 腺苷酰硫酸
6. BCCP:biotin carboxyl carrier protein 生物素羧基载体蛋白
7. CaM:calmodulin 钙调蛋白
8. cAMP:adenosine 3′,5′-cyclic monophosphate 环一磷酸腺苷
9. CAP:catabolic gene activator protein 降解物基因活化蛋白
10. cDNA:complementary DNA
11. cGMP:guanosine 3′,5′-cyclic monophosphate
12. circRNA:circular RNAs 环状 RNA
13. CK(CPK):creatine kinase 或 creatine phosphokinase 肌酸激酶
14. CM:chylomicron 乳糜微粒
15. CoA:coenzyme A 辅酶 A
16. CoQ:coenzyme Q 辅酶 Q
17. CPS-Ⅰ:carbamoyl phosphate synthetase Ⅰ 氨甲酰磷酸合成酶Ⅰ
18. CRP: cAMP receptor protein,cAMP 受体蛋白
19. CT:calcitonin 降钙素
20. Cyt:cytoochrome 细胞色素
21. DG:diglyceride 甘油二酯
22. DNA:deoxyriboNucleic acid 脱氧核糖核酸
23. DNP:2,4-dinitrophenylhydrazine 2,4-二硝基苯酚
24. EF:elongation factor 原核生物蛋白质合成的延伸因子
25. EMP:EMP pathway,embden-meyerhof-parnas 途径 糖酵解途径
26. FAD:flavin adenine dinucleotide 黄素腺嘌呤二核苷酸
27. FFA:free fatty acid 游离脂肪酸
28. fMet-tRNAi:甲酰甲硫氨酰-tRNA

29. FMN:flavin mononucleotide 黄素单核苷酸
30. GDH:glutamate dehydrogenase 谷氨酸脱氢酶
31. GOT:glutamate-oxaloacetate transaminase 谷草转氨酶
32. GPT:glutamate-pyruvate transaminase 谷丙转氨酶
33. GSH:glutathione 谷胱甘肽
34. GSSG:Glutathione(Oxidized)氧化型谷胱甘肽
35. GTF:general transcriptional factor 通用转录因子
36. HDL:high density lipoprotein 高密度脂蛋白
37. HGPRT:hypoxanthine-guanine phosphoribosyl transferase,次黄嘌呤/鸟嘌呤磷酸核糖转移酶
38. HMGCoA:hydroxyl methylglutaryl CoA 羟甲基戊二酸甲酰辅酶 A
39. hnRNA:heterogeneous nuclear RNA 核不均一 RNA
40. HPLC:high performance liquid chromatography 高效液相色谱仪
41. HSL:hormone-sensitive lipase 激素敏感脂酶
42. IF:initiation factor 蛋白质合成的起始因子
43. IMP:inosine monophosphate 次黄嘌呤核苷酸
44. IPTG: isopropylthio-*β*-*D*-galactoside 异丙基硫代-*β*-*D*-半乳糖苷
45. LDH:lactate dehydrogenase 乳酸脱氢酶
46. LDL:low density lipoprotein 低密度脂蛋白
47. LPL:lipoprotein lipase 脂蛋白脂肪酶
48. Met-tRNAi 起始甲硫氨酰-tRNA
49. miRNA:microRNA 微小 RNA
50. MTX:Methotrexate 氨甲蝶呤
51. NAD^+:nicotinamide adenine dinucleotide 烟酰胺腺嘌呤二核苷酸(辅酶Ⅰ)
52. $NADP^+$:nicotinamide adenine dinucleotide phosphate 烟酰胺腺嘌呤二核苷酸磷酸(辅酶Ⅱ)
53. ncRNA:non-coding RNA 非编码 RNA
54. ORF:open reading frame 开放阅读框架
55. PA:phosphatidic acid 磷脂酸
56. PAGE:polyacrylamide gel electrophoresis 聚丙烯酰胺凝胶电泳
57. PAL:pheny-lalanine ammonia lyase 苯丙氨酸解氨酶
58. PCR:polymerase chain reaction 聚合酶链式反应
59. PEP:phosphoenolpyruvate 磷酸烯醇式丙酮酸
60. piRNA:Piwi-interacting RNA 与 Piwi 蛋白作用的 RNA
61. PKA:cAMP-protein kinase 蛋白激酶 A
62. PKC:protein kinase 蛋白激酶 C
63. PKG:cGMP-protein kinase 蛋白激酶 G
64. PRPP:phosphoribosyl pyrophosphate 5-磷酸核糖焦磷酸
65. PTH:parathyroid hormone 甲状旁腺素

66. RAPD:randomly amplified polymorphic DNA 随机扩增多态性 DNA
67. RF:release factor 原核生物蛋白质合成的终止因子(释放因子)
68. RFLP:restriction fragment length polymorphism 限制性片段长度多态性
69. RNA:ribonucleic acid 核糖核酸
70. RNase H:ribonuclease H 核糖核酸酶 H
71. RT:reverse transcription 逆转录
72. SAM:S-adenomethionine S-腺苷蛋氨酸
73. SCP:single cell protein 单细胞蛋白
74. scRNA:small cytoplasmic RNA 胞质小分子 RNA
75. SDS:sodium dodecyl sulfate 十二烷基硫酸钠
76. siRNA:small interfering RNA 干扰小 RNA
77. snoRNA:small nucleolar RNA 核仁小 RNA
78. snRNA:small nuclear RNA 核小 RNA
79. SRP:signal recognition particle 信号识别颗粒
80. TCA:tricarboxylic acid cycle 三羧酸循环
81. TG:triglyceride 甘油三酯
82. THFA/FH_4:tetrahydrofolic acid 四氢叶酸
83. TPK:tyrosine protein kinase 受体酪氨酸蛋白激酶
84. TPP:thiamine pyrophosphate 焦磷酸硫胺素
85. UDPG:uridine diphosphate-glucose 尿苷二磷酸葡萄糖
86. VLDL: very low density lipoprotein 极低密度脂蛋白

附录二　动物生物化学知识要点

一、结论

(一)生物化学研究的基本内容
(二)生物化学的发展简史

二、核酸化学

(一)核酸的种类、分布和组成单位
(二)核酸的分子结构
1. DNA 的分子结构:DNA 的一级结构、二级结构、三级结构
2. RNA 的分子结构:tRNA 的结构、mRNA 的结构、rRNA 的结构
(三)核酸的理化性质
1. 核酸的一般理化性质
2. 核酸的紫外吸收特征
3. 核酸的变性及复性

三、蛋白质的结构与功能

(一)蛋白质的概念及其重要作用
(二)蛋白质的分类及元素组成
(三)氨基酸的基本结构、分类和主要理化性质
(四)蛋白质的结构与功能
1. 肽的概念及理化性质
2. 蛋白质的初级结构的概念及特点
3. 蛋白质的高级结构(二级结构、超二级结构和结构域三级结构、四级结构)的概念及维系力
4. 蛋白质结构与功能的关系:蛋白质一级结构与功能的关系;蛋白质高级结构与功能的关系
(五)蛋白质的理化性质
1. 蛋白质的两性电离、等电点及电泳
2. 蛋白质的胶体性质与蛋白质的沉淀
3. 蛋白质的紫外吸收特征
4. 蛋白质的变性和复性

(六)蛋白质的分离与纯化
1. 蛋白质的抽提原理与方法
2. 蛋白质分离与纯化的主要方法:电泳、层析和离心
3. 蛋白质的定量方法

四、酶

(一)酶的概念和酶促反应特点
(二)酶的国际分类和命名
(三)酶的组成
1. 酶蛋白和辅助因子
2. 维生素和辅酶
3. 酶的活性中心和必需基团
(四)酶的高效性作用机理
(五)影响酶促反应速率的主要因素
(六)酶原与酶原激活
(七)变构酶和同工酶

五、生物膜与跨膜转运

(一)生物膜的化学组成和结构特点
(二)物质的跨膜转运
1. 小分子和离子的跨膜转运方式
2. 大分子物质的跨膜转运方式

六、糖类代谢

(一)糖的生理功能及主要代谢途径
(二)葡萄糖的分解
1. 糖酵解概念、过程及生理意义
2. 葡萄糖有氧分解的概念、过程及生理意义
3. 磷酸戊糖途径概念、生理意义
(三)糖异生的概念、过程及生理意义
(四)糖原的合成与分解的概念及过程

七、生物氧化

(一)生物氧化的概念及特点
(二)生物氧化中 H_2O 和 CO_2 的生成

(三)电子传递链的概念及组成
1. 电子传递链的组成成分及各自功能
2. 两条呼吸链的组成成分及其排列顺序
(四)生物氧化中 ATP 的生成
1. 底物水平磷酸化和氧化磷酸化
2. 氧化磷酸化的机制
3. 电子传递链的抑制剂、氧化磷酸化抑制剂、解偶联剂
(五)细胞液中 NADH 进入线粒体的穿梭机制

八、脂类代谢

(一)脂类及其生理功能
1. 脂类的分类
2. 脂类的生理功能
3. 必需脂肪酸
(二)脂肪的分解代谢
1. 脂肪的酶促水解
2. 甘油的降解与转化
3. 脂肪酸的 β-氧化分解
(三)脂肪的生物合成
1. 甘油的生物合成
2. 饱和脂肪酸的从头合成
3. 三酰甘油的生物合成
(四)脂类在体内转运
1. 血脂
2. 血浆脂蛋白的分类及功能

九、含氨小分子物质的代谢

(一)蛋白质的营养作用及需要量
1. 蛋白质的营养价值及需要量
2. 氮平衡的类型
(二)氨基酸的脱氨基作用方式
(三)氨的代谢
1. 氨的来源与去路
2. 氨的转运(谷氨酰胺的运氨作用、丙氨酸—葡萄糖循环)
3. 尿素的生成的反应过程、关键酶及其生理意义
(四)核苷酸的代谢
1. 核苷酸的分解代谢

2. 核苷酸的合成代谢

十、核酸的生物合成

（一）中心法则
（二）DNA 的生物合成
1. 原核生物 DNA 的复制
2. 原核生物与真核生物 DNA 复制的差异
3. 逆转录
4. DNA 的损伤与修复
（三）RNA 的生物合成
1. RNA 的转录及其加工
2. RNA 的复制

十一、蛋白质的生物合成

（一）遗传密码的概念及特点
（二）氨基酸的活化
（三）原核生物多肽链生物合成的过程
（四）原核生物与真核生物多肽链合成的差异
（五）肽链合成后的折叠与加工

十二、基因表达调控

（一）基因表达与调控的相关概念和特点
（二）原核基因表达调控的操纵子模式